Beha

Abdul Gani Abdul Jameel

Behandlung von Gerbereiabwässern

ScienciaScripts

Imprint

Any brand names and product names mentioned in this book are subject to trademark, brand or patent protection and are trademarks or registered trademarks of their respective holders. The use of brand names, product names, common names, trade names, product descriptions etc. even without a particular marking in this work is in no way to be construed to mean that such names may be regarded as unrestricted in respect of trademark and brand protection legislation and could thus be used by anyone.

Cover image: www.ingimage.com

This book is a translation from the original published under ISBN 978-3-659-85166-7.

Publisher:
Sciencia Scripts
is a trademark of
Dodo Books Indian Ocean Ltd. and OmniScriptum S.R.L publishing group

120 High Road, East Finchley, London, N2 9ED, United Kingdom
Str. Armeneasca 28/1, office 1, Chisinau MD-2012, Republic of Moldova, Europe

ISBN: 978-620-8-34810-6

Copyright © Abdul Gani Abdul Jameel
Copyright © 2024 Dodo Books Indian Ocean Ltd. and OmniScriptum S.R.L publishing group

INHALTSVERZEICHNIS

ABSTRACT 2
QUITTUNG 3
VERZEICHNIS DER SYMBOLE UND ABKÜRZUNGEN 4
KAPITEL 1 5
KAPITEL 2 15
KAPITEL 3 19
KAPITEL 4 24
KAPITEL 5 41
SCHLUSSFOLGERUNG 41
REFERENZEN 42

ABSTRACT

Die vorliegende Untersuchung zielt darauf ab, die Gesamtleistung der rotierenden Scheibenelektrode im Batch-, Batch-Rezirkulations- und Once-Through-Betrieb bei der Behandlung von Gerbereiabwässern durch die Elektrooxidationsmethode zu vergleichen. Die Auswirkungen der Stromdichte (i), der Drehgeschwindigkeit der Kathode (r), der Elektrolysedauer, des anfänglichen pH-Werts und des Abwasserdurchsatzes auf die Schadstoffentfernung und den spezifischen Energieverbrauch wurden kritisch bewertet. Die Reaktion der Prozessparameter wurde in Bezug auf die Entfernung des gesamten organischen Kohlenstoffs (TOC) gemessen. Der Reaktionsmechanismus der Elektrooxidation wurde mit Hilfe der Kinetik erster Ordnung modelliert. Die GC-MS-Analyse des rohen und des behandelten Abwassers zeigt, dass das Gerbereiabwasser mit der elektrochemischen Oxidation effektiv behandelt werden kann.

QUITTUNG

Ich möchte meinem Betreuer, **Dr. N. Balasubramanian**, außerordentlicher Professor am Fachbereich Chemieingenieurwesen, meine größte Wertschätzung und tiefe Dankbarkeit entgegenbringen. Seine hervorragende Betreuung und seine ständigen Ratschläge haben mich während dieser Masterarbeit motiviert. Ohne seine Ermutigung und Anleitung wäre dieses Projekt nicht zustande gekommen.

Ich bedanke mich bei Dr. P. Kaliraj, Dekan, A.C. College of Technology, Anna University und Dr. N. Nagendra Gandhi, Leiter der Abteilung für Chemieingenieurwesen, A.C. College of Technology, Anna University für die Bereitstellung der erweiterten Möglichkeiten.

Ich bedanke mich bei Dr. R. Palani, der mir bei der experimentellen Forschung für diese Arbeit geholfen hat.

Ich hätte meine Forschung nicht so aktiv betreiben können, wenn ich nicht eine sehr angenehme Gesellschaft meiner Freunde gehabt hätte, die sehr freundlich und hilfsbereit waren und eine sehr freundliche Umgebung hier im elektrochemischen Labor aufrechterhalten haben.

Zu guter Letzt möchte ich meinen Eltern für ihre Liebe und ihren Segen zum erfolgreichen Abschluss des Projekts meinen herzlichsten Dank aussprechen.

Abdul Gani Abdul Jameel

VERZEICHNIS DER SYMBOLE UND ABKÜRZUNGEN

A_e	Effective anode area
C_A	Total Organic Carbon of effluent at a given time
C_{Ao}	Total Organic Carbon of untreated effluent
COD	Chemical Oxygen Demand
CETP	Common Effluent Treatment Plant
DC	Direct Current
EO	Electro oxidation
F	Faraday Constant
i	Current Density
K	Mass Transfer Coefficient
r	Cathode Rotational Speed
RDE	Rotating Disc Electrode
T	electrolysis time
TDS	Total Dissolved Solids
TOC	Total Organic Carbon
TSS	Total Suspended Solids
V_e	Volume of the effluent

KAPITEL 1

EINFÜHRUNG

Die indische Lederindustrie ist ein wichtiger Akteur auf der Weltbühne und eine wichtige Quelle für Deviseneinnahmen. Indien ist nach China und Italien der drittgrößte Lederproduzent der Welt. Die Gerbereiindustrie trägt erheblich zu den Ausfuhren und zur Schaffung von Arbeitsplätzen bei und spielt eine wichtige Rolle in der indischen Wirtschaft. Andererseits zählen Gerbereiabfälle zu den größten Schadstoffen unter allen Industrieabfällen. Für den Gerbprozess werden große Mengen an Frischwasser und verschiedene Chemikalien benötigt. Pro 10 kg verarbeiteter Rohhäute werden mehr als 300 Liter Wasser benötigt. Ebenso werden für jede Tonne verarbeiteter Häute etwa 300 kg Chemikalien benötigt. Die Abwässer sind reich an organischen und anorganischen gelösten und schwebenden Feststoffen, weisen einen hohen Sauerstoffbedarf auf und enthalten potenziell toxische Metallsalzrückstände. Unangenehmer Geruch, der von der Zersetzung fester Eiweißabfälle herrührt, sowie das Vorhandensein von Schwefelwasserstoff, Ammoniak und flüchtigen organischen Verbindungen werden normalerweise mit der Gerberei in Verbindung gebracht. . Ein erheblicher Teil der bei der Lederverarbeitung verwendeten Chemikalien wird nicht im Prozess selbst absorbiert, sondern in die Umwelt abgegeben. Die Abwässer der Lederindustrie enthalten organische Stoffe, Chrom, Sulfide, feste Abfälle, Polierstaub usw.

1.1 BRÄUNUNGSPROZESS

Der Gerbungsprozess besteht aus einer Reihe mechanischer und chemischer Verfahren, bei denen die Tierhäute und -felle in Lederprodukte umgewandelt werden. Die Umweltverschmutzung durch Gerbereien wird durch den berüchtigten Geruch und das Vorhandensein nicht verwendeter giftiger Chemikalien in den Abwässern deutlich. Abbildung 1.1 zeigt ein Flussdiagramm mit den allgemeinen Schritten bei der Verarbeitung von Rohhäuten zu fertigen Lederprodukten.

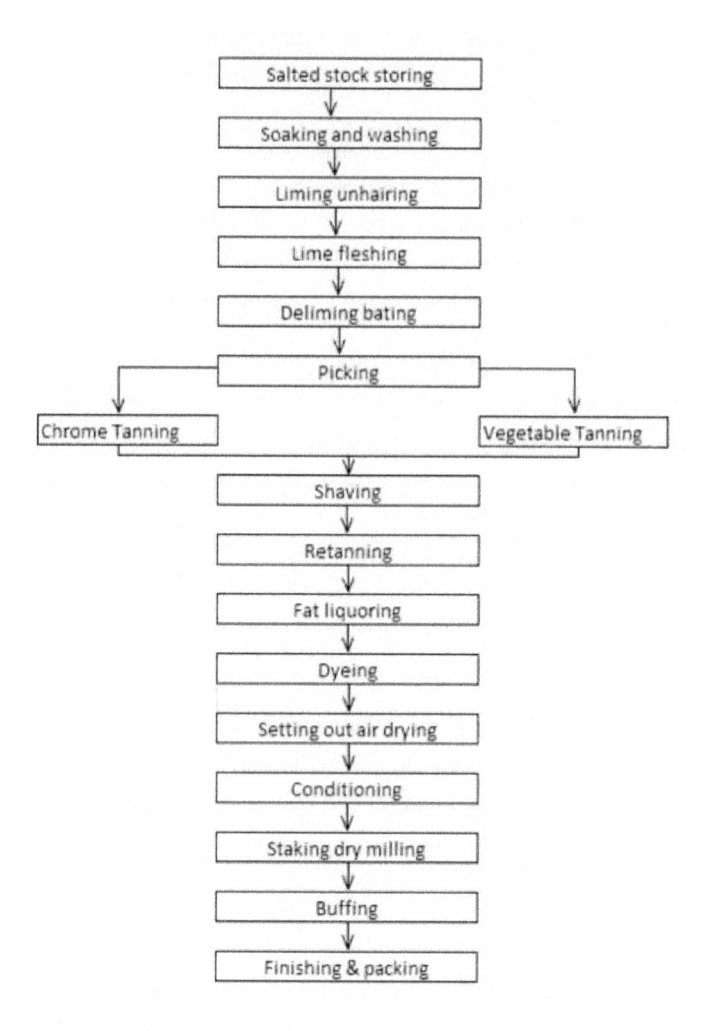

```
        ┌─────────────────────┐
        │  Salted stock storing │
        └─────────────────────┘
                  ↓
        ┌─────────────────────┐
        │  Soaking and washing │
        └─────────────────────┘
                  ↓
        ┌─────────────────────┐
        │   Liming unhairing   │
        └─────────────────────┘
                  ↓
        ┌─────────────────────┐
        │     Lime fleshing    │
        └─────────────────────┘
                  ↓
        ┌─────────────────────┐
        │    Deliming bating   │
        └─────────────────────┘
                  ↓
        ┌─────────────────────┐
        │       Picking        │
        └─────────────────────┘
         ↙                   ↘
┌──────────────┐      ┌──────────────────┐
│Chrome Tanning│      │Vegetable Tanning │
└──────────────┘      └──────────────────┘
                  ↓
              Shaving
                  ↓
             Retanning
                  ↓
            Fat liquoring
                  ↓
               Dyeing
                  ↓
        Setting out air drying
                  ↓
            Conditioning
                  ↓
          Staking dry milling
                  ↓
               Buffing
                  ↓
         Finishing & packing
```

Abb. 1.1 Allgemeines Flussdiagramm des Ledergerbungsprozesses

Der Gerbungsprozess besteht aus vier grundlegenden Phasen: Vorgerbung, Gerbung, Nachgerbung und Endbearbeitung.

1.1.1 Vorläufige Bearbeitung

In der Vorverarbeitung wird das Rohmaterial durch verschiedene Reinigungs- und Aufbereitungsschritte für die Gerbung vorbereitet:

• Einweichen: Entfernt Schmutz und Unreinheiten, Blut und Konservierungsstoffe (NaCl), hilft der Haut, ihren normalen Wassergehalt, ihre Weichheit und Form wiederzuerlangen

• Enthaarung: Entfernt Haare, Wolle und Keratin von den Häuten.

- Entkalkung: Entfernt überschüssigen Kalk, der bei der Enthaarung durch $(NH_4)_2SO_4$ / CO_2 verwendet wird.
- Beizen: Beseitigung der Verunreinigungen durch Zugabe von Enzymen.
- Beizen: Senkt den pH-Wert der Haut, was die Gerbung begünstigt. Der niedrige pH-Wert hemmt auch die Enzymaktivitäten. Beim Beizen werden Salze zugesetzt, um das Aufquellen der Häute zu verhindern.

1.1.2 Bräunung

Gerben ist der Prozess, bei dem Tierhäute in Leder umgewandelt werden. Bei diesem Verfahren wird das Leder durch Stabilisierung der Kollagenstruktur der Haut mit Hilfe natürlicher oder synthetischer Chemikalien gegen biologischen Verfall resistent gemacht. Die Häute und Felle haben die Fähigkeit, andere chemische Stoffe zu absorbieren, die die Haut widerstandsfähig gegen Nässe und Fäulnis machen. Während der Gerbungsphase interagieren die Gerbstoffe mit der Kollagenmatrix der Haut und stabilisieren sowohl das Kollagen als auch die Proteine. Das Leder wird dadurch widerstandsfähig gegen chemische, thermische und mikrobiologische Zersetzung. Die Gerbung kann entweder mit pflanzlichen Gerbstoffen wie der Rinde des Quebracho-Baums (Argentinien) oder des Babol-Baums (Indien) oder chemisch mit Chrom erfolgen. Nach der Gerbung werden die Häute horizontal in eine obere Schicht, den so genannten Narben, und eine Schicht auf der Fleischseite, den so genannten Spalt, gespalten. Diese Schichten werden getrennt weiterverarbeitet, manchmal nachgegerbt und dann gepresst, gestreckt und getrocknet. Der Abfallstrom aus dem Gerbungsprozess enthält überschüssigen Gerbstoff und Spuren von Hautresten. Leder werden im Allgemeinen durch Chromgerbung hergestellt. Sie benötigt weniger Zeit als die traditionelle pflanzliche Gerbung.

1.1.3 Nachbräunung

Bei der Nachgerbung wird die gegerbte Haut gewaschen, um die unfixierten Gerbstoffe zu entfernen. Bei diesem Vorgang werden erhebliche Mengen Wasser zum Waschen des gegerbten Leders verwendet.

1.1.4 Fertigstellung

Nach dem Gerbungsprozess werden die Häute mit einer Reihe von Oberflächenbeschichtungen versehen, um ihre Widerstandsfähigkeit zu verbessern und ansprechende und gleichmäßige Oberflächeneffekte zu erzielen. Das Gesamtziel der Zurichtung besteht darin, das Aussehen des Leders zu verbessern und die erwarteten Leistungseigenschaften des fertigen Leders in Bezug auf:

- Farbe
- Glanz
- Griff

Flexibilität, Haftung, Reibechtheit sowie andere Eigenschaften wie Dehnbarkeit, Reißfestigkeit, Licht- und Schweißechtheit, Wasserdampfdurchlässigkeit und Wasserbeständigkeit, wie sie für die Endanwendung erforderlich sind. Im Allgemeinen lassen sich die Veredelungsvorgänge in mechanische Veredelungsverfahren und das Aufbringen einer Oberflächenbeschichtung unterteilen.

1.1.5 Schadstoffe aus der Gerberei

Die meisten Gefahren für Mensch und Ökosystem sind auf die Grundwasserverschmutzung zurückzuführen. Ungeklärte Abwässer, Industrieabwässer und landwirtschaftliche Abfälle werden häufig in die Gewässer eingeleitet. Dieses verunreinigte Wasser verbreitet eine Vielzahl von Krankheiten, die durch Wasser übertragen werden. Die landwirtschaftlichen Flächen in der Umgebung dieser Gewässer sind davon betroffen (Chandra und Kulsheshtha, 2004; Tung et al., 2009). Die verschiedenen Schwermetalle aus den Abwässern werden großzügig in die nahegelegenen Flüsse eingeleitet und verseuchen diese. Die Auswirkungen der Abwässer sind so gewaltig, dass das Wasser zum Trinken und zur Bewässerung ungeeignet geworden ist. Der Gesamtgehalt an gelösten Feststoffen im Grundwasser beträgt 17.000 mg/l. Natriumchlorid ist die vorherrschende Chemikalie im Grundwasser, die es zum Trinken und für die Bewässerung ungeeignet macht (Waziri, 2006). Eine einzige Gerberei kann die Verschmutzung des Grundwassers in einem Umkreis von 7-8 Kilometern verursachen. In Tamilnadu sind mehr als 60 Prozent der wirtschaftlich bedeutenden Gerbereien Indiens angesiedelt, und chrom- und natriumhaltige Gerbereiabwässer haben mehr als 55000 Hektar landwirtschaftliche Flächen und nahe gelegene Wasserflächen verunreinigt (Mahimairaja et al., 2005).

Im Allgemeinen enthalten Gerbereiabwässer hauptsächlich Natriumsulfid und (oder) Natriumhydrogensulfid (EPA, 1990; Valeika *et al.*, 2006), was erheblich zur Umweltverschmutzung beiträgt. Abwässer aus Tanyard-Prozessen, Entkälken und Beizen können Sulfide, Ammoniumsalze und Kalziumsalze enthalten und sind schwach alkalisch. Die Abwässer aus dem Beizen und der Chromgerbung enthalten Chrom, Chloride und Sulfate (UNIDO, 2000). Die Hauptschadstoffe der Nachgerbung sind Chrom, Salze, Farbstoffrückstände, Fettverflüssiger, Syntane und andere organische Stoffe, die in der Regel durch den CSB gemessen werden (Bajza und Vrcek, 2001; UNIDO, 2000). Gerbereiabwässer geben große Mengen an organischen Stoffen an die Umwelt ab. Zu den organischen Verbindungen, die in diesen Abwässern enthalten sind, gehören: polyphenolische Verbindungen, Acrylsäurekondensate, aliphatische Ethoxylate, Fettsäuren, Farbstoffe, Proteine und lösliche Kohlenhydrate (Szpryokowicz *et al.*, 1995; Naumczyk *et al.*, 1996).

1.2 BEHANDLUNGSMETHODEN

1.2.1 Konventionell

Im Allgemeinen können die konventionellen Behandlungsmethoden für organische Abwässer in physikalische, chemische und biologische Verfahren unterteilt werden (Parag et al., 2004; Rameshraja und Suresh, 2011). Traditionell wird die physikalische Behandlung zur Entfernung von Grobstoffen eingesetzt, gefolgt von physikalisch-chemischen Verfahren. Zu den physikalisch-chemischen Methoden gehören chemische Oxidation/Fällung, Sedimentation, Filtration, Koagulation/Flockung, Adsorption, Ionenaustausch usw. (Benefield at al., 1982; EPA, 2004; UNEP, 2004; Metes *et al.*, 2004; Jing-Wei *et al.*, 2007; Zhiet *al.*, 2009; Espinoza- Quinones *et al.*, 2009; Sengilet *al.*, 2009). Zu den biochemischen Methoden gehören der biologische Abbau, die Bisorption usw. (Telang et al., 1997; Seyoum et al., 2004; Martinez *et al.*, 2003; Farabegoliet *al.*, 2004; Galiana et al. (2005) experimentierten mit der Nanofiltration, um die im Gerbereiabwasser vorhandenen Sulfat-Ionen zu reduzieren, und berichteten über eine mehr als 90%ige Entfernung der Sulfat-Ionen. Banu und Kaliappan (2007) experimentierten mit einem Airlift-Reaktor zur

Behandlung von Gerbereiabwässern. Suthantharajan (2004) schlug ein Membranverfahren zur Behandlung und Wiederverwendung von Gerbereiabwässern vor. Im Allgemeinen sind diese konventionellen Behandlungsverfahren nicht in der Lage, alle umweltschädlichen Parameter wie CSB, Chloride, Sulfate und Ammoniak zu reduzieren, und erreichen oft nicht die zulässigen Grenzwerte (Molinari *et al.*, 1997; Molinari *et al.*, 2001; Mohajerani *et al.*, 2009).

1.2.2 Fortgeschrittenes Oxidationsverfahren (AOP)

Biologische Verfahren zur Behandlung von Industrieabwässern sind nur für leicht abbaubare organische Stoffe geeignet. Bei Abwässern, die refraktäre (gegen die biologische Behandlung resistente) organische Schadstoffe enthalten, sind diese Methoden jedoch unwirksam. Um dieses Problem zu lösen, wurden fortschrittliche Oxidationsverfahren (AOP) entwickelt (Rameshraja und Suresh, 2011). Bei AOP werden durch verschiedene Techniken hochwirksame Oxidationsmittel wie Ozon, Wasserstoffperoxid, Fenton-Sauerstoff und Luft erzeugt. Die Radikale der Oxidationsmittel sind sehr reaktiv und greifen die organischen Moleküle mit sehr hohen Geschwindigkeitskonstanten an (Hoigne et al. 1997). Darüber hinaus zeichnen sich die Oxidationsmittel durch eine geringe Selektivität aus, was eine nützliche Eigenschaft für ein Oxidationsmittel ist, das in der Abwasserbehandlung und zur Lösung von Verschmutzungsproblemen eingesetzt wird. Die Vielseitigkeit von AOP wird auch dadurch erhöht, dass sie verschiedene Möglichkeiten zur Herstellung von Oxidationsmitteln bieten und somit eine bessere Übereinstimmung mit den spezifischen Behandlungsanforderungen ermöglichen. Fortgeschrittene Oxidationsverfahren (AOP) sind eine aufstrebende und vielversprechende Technologie sowohl als Alternative zu herkömmlichen Abwasserbehandlungsmethoden als auch zur Verbesserung der derzeitigen biologischen Behandlungsmethoden, insbesondere für hochtoxische und biologisch schwer abbaubare Abfälle (Chamarroet *al.*, 2001; Lidia *et al.*, 2005a; Stanislaw *et al.*, 2001; Tzitziet *al.*, 1994). Der Hauptnachteil von AOPs ist, dass sie im Vergleich zu herkömmlichen biologischen Systemen teuer sind (Gimeno *et al.*, 2005). Die Kombination von chemischen und biologischen Verfahren kann zu einem kosteneffizienteren Prozess mit vollständigem Abbau der toxischen Chemikalien führen.

1.2.3 Elektrochemische Behandlungstechniken

Die Elektrochemie ist ein Zweig der physikalischen Chemie und spielt in den meisten Bereichen von Wissenschaft und Technik eine wichtige Rolle. Darüber hinaus wird sie zunehmend als wichtiges Mittel zur Lösung von Umwelt- und Energieproblemen anerkannt, mit denen man heute und in naher Zukunft konfrontiert ist. Kurz gesagt, die Elektrochemie befasst sich mit dem Ladungstransfer an der Grenzfläche zwischen einem elektrisch leitenden (oder halbleitenden) Material und einem Ionenleiter (z. B. Flüssigkeiten, Schmelzen oder Festelektrolyten) sowie mit den Reaktionen in den Elektrolyten und dem daraus resultierenden Gleichgewicht. Die erste Anwendung der elektrochemischen Technik zur Wasserreinigung erfolgte 1946 in den USA durch die Elektrokoagulation von Trinkwasser (Stuart et al. 1946, Bonilla et al. 1947).

Gegenwärtig sind die elektrochemischen Technologien nicht nur in Bezug auf die Kosten mit anderen Technologien vergleichbar, sondern auch potenziell effizienter, und in einigen Situationen können elektrochemische Technologien der unverzichtbare Schritt bei der Behandlung von Abwässern mit refraktären Schadstoffen sein (Chen et al. 2004; Genders und Weinberg, 1992). Elektrochemische Technologien bieten verschiedene Behandlungsverfahren wie Elektrooxidation, Elektrokoagulation, Elektrodesinfektion und Elektroablagerung. Viele Forscher haben umfangreiche Untersuchungen zur Behandlung verschiedener Abwässer mit Hilfe elektrochemischer Verfahren durchgeführt. Die elektrochemische Technik bietet mehrere Vorteile (Rajeshwar et al., 1994), wie zum Beispiel

(i) *Vielseitigkeit* - direkte oder indirekte Oxidationen und Reduktionen, Phasentrennungen, Konzentrationen oder Verdünnungen, Biozidfunktionen, kann mit vielen Schadstoffen umgehen: Gase, Flüssigkeiten und Feststoffe, und kann von Mikrolitern bis zu Millionen von Litern behandeln, und

(ii) *Energieeffizienz* - elektrochemische Prozesse haben im Allgemeinen niedrigere Temperaturen. Potenziale können gesteuert und Elektroden und Zellen so gestaltet werden, dass Leistungsverluste minimiert werden.

(iii) *Automatisierbarkeit* - die in elektrochemischen Prozessen verwendeten elektrischen Größen (I, E) eignen sich besonders gut zur Erleichterung der Datenerfassung, Prozessautomatisierung und -steuerung.

(iv) *Umweltverträglichkeit* - das Hauptreagenz, das Elektron, ist ein "sauberes Reagenz", und es müssen oft keine zusätzlichen Reagenzien hinzugefügt werden.

(v) *Kosteneffizienz* - die erforderlichen Ausrüstungen und Verfahren sind im Allgemeinen einfach und bei richtiger Auslegung auch kostengünstig

Die elektrochemische Abfallbeseitigung weist mehrere Vorteile in Bezug auf Kosten und Sicherheit auf. Das Verfahren arbeitet mit einem sehr hohen elektrochemischen Wirkungsgrad und funktioniert im Wesentlichen unter den gleichen Bedingungen für eine Vielzahl von Abfällen.

1.3 ELEKTROOXIDATION

Bei der Elektrooxidationsmethode werden die Kathode, die Anode und der Elektrolyt (ein Medium, das den für den elektrochemischen Prozess erforderlichen Ionentransportmechanismus zwischen Anode und Kathode gewährleistet) mit Gleichstrom versorgt. An der Kathode (einer Elektrode, an der eine Reduktion stattfindet und von der Elektronen abgestoßen werden) können Metallkationen (meist Schwermetalle) entfernt werden; und an der Anode (einer Elektrode, an der eine Oxidation stattfindet und zu der Elektronen wandern) können einige Schadstoffe (z. B. organische Verbindungen) direkt oxidiert werden. Außerdem kann eine Oxidationsreaktion in der Hauptlösung durch ein von den Elektroden erzeugtes Oxidationsmittel stattfinden. Die elektrochemische Oxidation ist als hocheffizientes Mittel zur Kontrolle der Verschmutzung in der Wasser- und Abwasseraufbereitung weithin untersucht worden. Ein wichtiger Vorteil der elektrochemischen Oxidation ist die Oxidation von organischen Schadstoffen zu CO_2.

Die im Abwasser vorhandenen organischen und toxischen Schadstoffe werden in der Regel durch einen direkten anodischen Prozess oder durch eine indirekte anodische Oxidation zerstört. Die Dauer der Oxidation hängt von der Stabilität und Konzentration der Verbindungen, der Konzentration des Elektrolyten, dem pH-Wert der Lösung und der angelegten Spannung ab. Die direkte elektrolytische Oxidationsrate organischer Schadstoffe hängt von der katalytischen Aktivität der Anode, den Diffusionsraten der organischen Verbindungen in den aktiven Punkten der Anode und der angelegten Stromdichte ab. Die indirekte

Elektrooxidationsrate hängt von der Diffusionsrate der sekundären Oxidationsmittel in die Lösung, der Temperatur und dem pH-Wert ab. Ein wirksamer Schadstoffabbau beruht auf dem direkten elektrochemischen Prozess, da die sekundären Oxidationsmittel in der Lage sind, alle organischen Stoffe vollständig in Wasser und Kohlendioxid umzuwandeln.

1.4 MECHANISMUS DER ELEKTROOXIDATION

Der Mechanismus der elektrochemischen Oxidation von Abwasser ist ein komplexes Phänomen, das die Kopplung einer Elektronenübertragungsreaktion mit einem dissoziierten Chemisorptionsschritt beinhaltet. Es wurden zwei Arten des Anodenverhaltens (je nach chemischer Beschaffenheit der Anodenmaterialien als aktiv oder inaktiv eingestuft) beschrieben. Aktive Elektroden verändern sich während des Prozesses erheblich und vermitteln die Oxidation organischer Spezies durch die Bildung von Metalloxiden mit höherer Oxidationsstufe (MO_{x+1}), wenn eine solche höhere Oxidationsstufe für das Metalloxid (z. B. Pt, RuO_2 oder IrO_2) verfügbar ist, was zu einer selektiven Oxidation führt. Inaktive Elektroden fungieren lediglich als Elektronensenken, und ihre Bestandteile nehmen nicht an dem Prozess teil. Inaktive Elektroden haben keine höhere Oxidationsstufe zur Verfügung, und die organische Spezies wird direkt durch ein adsorbiertes Hydroxylradikal oxidiert, was im Allgemeinen zu einer vollständigen Verbrennung des organischen Moleküls führt. Typische inaktive Elektroden sind Dünnschichtelektroden aus Diamant und vollständig oxidierte Metalloxide wie $PbO2$ und SnO_2.

Bei der indirekten Elektrooxidation werden dem Abwasser Natriumchloridsalze als Elektrolyte zugesetzt, um die Leitfähigkeit zu verbessern und HOCl- oder Hypochlorit-Ionen zu erzeugen. Beim Gerben von Leder werden dem Leder erhebliche Mengen an Salz (Natriumchlorid) zugesetzt, so dass das Abwasser in der Regel Chloridionen im Bereich von 1,5 - 2,0 mg/Liter enthält und daher keine Zugabe von externen Elektrolyten erforderlich ist. In der ersten Stufe wird H_2O an der Anode entladen, um adsorbierte Hydroxylradikale gemäß der folgenden Reaktion zu erzeugen

$$RuO_x - TiO_x + H_2O \longrightarrow RuO_x - TiO_x(\bullet OH) + H^+ + e^- \qquad (1)$$

Wenn NaCl als Trägerelektrolyt im alkalischen Medium verwendet wird, können Chloridionen anodisch mit RuOx-TiOχ(·OH) reagieren, um adsorbierte -OCl-Radikale zu bilden, entsprechend der Reaktion

$$RuO_x - TiO_x(\bullet OH) + Cl^- \longrightarrow RuO_x - TiO_x(\bullet OCl) + H^+ + 2e^- \qquad (2)$$

In Gegenwart von Chloridionen können die adsorbierten Hypochlorit-Radikale mit dem bereits in der Oxidanode vorhandenen Sauerstoff in Wechselwirkung treten, wobei der Sauerstoff vom adsorbierten Hypochlorit-Radikal zum Oxid übergehen kann, um das höhere Oxid RuOx-TiOx +1 gemäß Reaktion 3 zu bilden. Gleichzeitig kann RuOχ-TiOχ(·OCl) mit dem Chloridion unter Bildung von aktivem Sauerstoff (Dioxygen) und Chlor gemäß den folgenden Reaktionen reagieren

$$RuO_x - TiO_x(\cdot OCl) + Cl^- \longrightarrow RuO_x - TiO_x + 1 + Cl_2 + e^- \quad (3)$$

$$RuO_x - TiO_x(\cdot OCl) + Cl- \longrightarrow RuOx - TiO_x + \tfrac{1}{2} O_2 + Cl_2 + e^- \quad (4)$$

Die Reaktionen der anodischen Oxidation von Chloridionen zur Bildung von Chlor in Bulklösung gemäß Gleichungen 3 und 4 laufen wie folgt ab,

$$2Cl^- \longrightarrow Cl_2 + 2e^- \quad (5)$$

$$2OH^- \longrightarrow \tfrac{1}{2} O_2 + H_2O + 2e^- \quad (6)$$

$$Cl_2 + H_2O \longrightarrow H+ + Cl^- + HOCl \quad (7)$$

$$HOCl \longrightarrow H^+ + OCl^- \quad (8)$$

$$Organic + OCl^- \longrightarrow CO_2 + H_2O + Cl^- \quad (9)$$

Da die organischen Verbindungen des Abwassers elektrochemisch inaktiv sind, ist die Hauptreaktion an den Anoden die Oxidation von Chloridionen (Gl. 3 und 4) mit der Freisetzung von Cl2, das ein starkes Oxidationsmittel ist. Die anodische Nebenreaktion (d. h. die Sauerstoffentwicklung) durch die Oxidation von Hydroxylionen findet unter den Versuchsbedingungen ebenfalls statt. Der pH-Wert ist einer der entscheidenden Faktoren für das Vorherrschen dieser Reaktion. Saure Bedingungen verringern den Beitrag dieser anodischen Reaktion. Da Sauerstoff ein relativ schwaches Oxidationsmittel ist, wird seine Entwicklung im Allgemeinen die Stromeffizienz des Prozesses verringern. Die gebildeten feinen Sauerstoffbläschen können nicht nur für einen großen Grenzflächenkontakt zwischen Gas und Flüssigkeit sorgen, sondern auch für eine bessere Durchmischung, was die Reaktorleistung verbessert. Bei den Reaktionen in der Masse löst sich gasförmiges Cl2 in den wässrigen Lösungen als Ergebnis der Ionisierung, wie in Gl. 7 angegeben. Die Geschwindigkeit der Massenreaktion ist in sauren Lösungen wegen der OH-Instabilität geringer und in basischen Lösungen wegen der schnellen Bildung von OCl-Ionen (*pKa*) 7,44) nach Gl. 8 wesentlich höher, was bedeutet, dass basische oder neutrale pH-Bedingungen für die Durchführung von Reaktionen mit Chlor günstiger sind. Die Geschwindigkeit der indirekten Elektrooxidation von organischen Schadstoffen hängt von der Diffusionsgeschwindigkeit der Oxidationsmittel in die Lösung, der Durchflussmenge des Abwassers, der Temperatur und dem pH-Wert ab. In mäßig alkalischen Lösungen findet ein Chlorid-Chlorit-Hypochlorit-Chlorid-Zyklus statt, bei dem OCl- entsteht. Die Theorie des pseudostationären Zustands kann auf jedes der Zwischenprodukte (HOCl und OCl-) in der Hauptlösung angewendet werden.

1.5 ROTIERENDE SCHEIBENELEKTRODE

Die rotierende Scheibenelektrode ist so konstruiert, dass sie auf einer Welle eines Motors mit variabler Drehzahl mit abgestimmter Winkelgeschwindigkeit um eine Achse senkrecht zur Ebene der Scheibenoberfläche montiert wird. Infolge der Bewegung hat die Flüssigkeit in der angrenzenden Schicht eine radiale Geschwindigkeit, die sie von der Scheibenmitte wegbewegt. Diese Flüssigkeit wird durch eine senkrecht zur Oberfläche verlaufende Strömung wieder aufgefüllt. Bei bestimmten Anwendungen kann die rotierende Scheibenelektrode dazu verwendet werden, den Stoffaustausch zu erhöhen, was zu einer Entfettung der Diffusionsschicht führt. Die Elektrode wird in eine Drehbewegung versetzt und nicht durch eine separate Rührvorrichtung. Es handelt sich um eine hydrodynamische Elektrode, die in elektrochemischen Systemen verwendet wird. Die sich drehende Scheibe zieht die Lösung mit sich und aufgrund der Zentrifugalkraft bewegt sich die Lösung vom Zentrum der Elektrode weg. Aufgrund dieser Wirkung wird die Lösung an der Oberfläche der Elektrode bei jeder Drehung durch die Hauptlösung aufgefüllt. Dies führt zu einem Anstieg der Massentransportrate durch erzwungene Konvektion und ist stark von der Winkelgeschwindigkeit der Elektrode abhängig. Eine schematische Darstellung des Strömungsmusters in einer rotierenden Scheibe ist in Abbildung 1.5 zu sehen.

Bei rotierenden Scheibenelektroden im industriellen Maßstab besteht die Elektrode in der Regel aus mehreren Scheiben, die auf einer Welle gelagert sind. Die rotierende Scheibenelektrode ist so konstruiert, dass sie auf einer Welle eines Motors mit variabler Drehzahl mit abgestimmter Winkelgeschwindigkeit um eine Achse senkrecht zur Ebene der Scheibenoberfläche montiert wird. Infolge der Bewegung hat die Flüssigkeit in der angrenzenden Schicht eine radiale Geschwindigkeit, die sie von der Scheibenmitte wegbewegt. Diese Flüssigkeit wird durch eine senkrecht zur Oberfläche verlaufende Strömung wieder aufgefüllt. In bestimmten Anwendungen kann die rotierende Scheibenelektrode dazu verwendet werden, den Stofftransport zu erhöhen, was zu einer Verringerung der Diffusionsschicht führt.

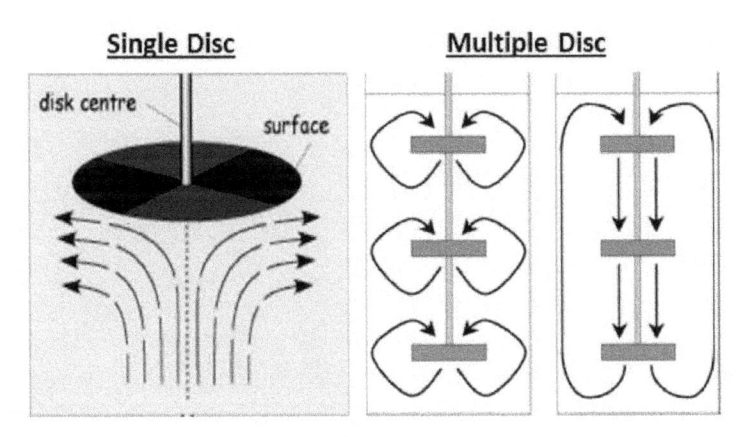

Abb. 1.2 Idealisiertes Strömungsbild der RDE.

Titananoden werden in hochmodernen Anlagen als Anoden für ein breites Spektrum elektrochemischer Anwendungen eingesetzt. Die ausgezeichnete Stabilität von Titan gegen Oberflächen- und Lochfraßkorrosion macht es formstabil und ermöglicht drastische Innovationen bei der Konstruktion von Anlagen, den Betriebsbedingungen und dem Energieverbrauch vieler Elektrolyseverfahren.

Die Anwendung von Beschichtungen, die gemischte Metalloxide (MMO) wie RuO_2, IrO_2, TiO_2 und Ta_2O_5 enthalten, ermöglichen eine bemerkenswerte Verringerung des Gesamtpotenzials für die anodische Chlor- und die anodische Sauerstoffentwicklung. Außerdem verunreinigt die ausgezeichnete Stabilität der MMO-beschichteten Titananode das Elektrolysesystem nicht, wodurch sich die Produktreinheit und die Wartungskosten verbessern.

Kathoden aus nichtrostendem Stahl sind selbst bei hohen Temperaturen korrosionsbeständig. Ihre bemerkenswerte Korrosionsbeständigkeit ist auf einen chromreichen Oxidfilm zurückzuführen, der sich auf ihrer Oberfläche bildet. Die getesteten Stähle haben das Potenzial, die Investitionskosten für Kathoden zu senken und gleichzeitig eine technisch einwandfreie Kathode zu liefern.

KAPITEL 2

LITERATURÜBERBLICK

Vijayalaksmi *et al.* (2011) verglichen die Optionen der Elektrooxidation und der fortgeschrittenen Oxidation als tertiäre Behandlungstechnik für die Reinigung von Gerbereiabwässern. Die TOC-Entfernung von 85 % wurde durch das UV/O3/H2O2-Verfahren erreicht, während sie bei der Elektrooxidation kaum 50 % betrug. Die kinetischen Daten zeigten, dass der Abbau von organischen Stoffen durch Elektrooxidation ein stromgesteuerter Prozess ist. Um den Stromverbrauch zu minimieren, wurde ein zweistufiger Prozess mit Elektrooxidation in der ersten Stufe und fortgeschrittener Oxidation in der zweiten Stufe versucht. Die Ergebnisse zeigten, dass die TOC-Entfernung durch fortgeschrittene Oxidation träge wurde, wenn das Abwasser zunächst durch Elektrooxidation behandelt wurde. Die mit EO behandelten Abwässer erwiesen sich jedoch als vollständig desinfiziert.

Costa *et al.* (2010) untersuchten die elektrochemische Behandlung eines synthetischen Gerbereiabwassers, das mit verschiedenen in der Gerberei verwendeten Verbindungen aufbereitet wurde, in chloridfreien Medien. Als Anoden wurden bordotierter Diamant (Si/BDD), antimondotiertes Zinndioxid (Ti/SnO2-Sb) und iridium- und antimondotiertes Zinndioxid (Ti/SnO2-Sb-Ir) untersucht. Die Ergebnisse zeigten, dass bei Verwendung der Si/BDD-Anode ein schnellerer Rückgang des CSB/TOC-Wertes eintrat. Gute Ergebnisse wurden mit der Ti/SnO2-Sb-Anode erzielt, aber ihre vollständige Deaktivierung wurde nach 4 Stunden Elektrolyse bei 25 mA cm^{-2} erreicht, was darauf hindeutet, dass die Lebensdauer dieser Elektrode kurz ist. Die Ti/SnO2-Sb-Ir-Anode ist chemisch und elektrochemisch stabiler als die Ti/SnO2-Sb-Anode, aber sie ist für die elektrochemische Behandlung unter den untersuchten Bedingungen nicht geeignet.

Sarvanapandian *et al.* (2010) untersuchten die elektrochemische Behandlung von salzhaltigen Abwässern mit organischer (Protein-)Belastung. Der Einfluss der kritischen Parameter der Elektrooxidation wie pH-Wert, Zeitraum, Salzkonzentration und Stromdichte auf die Reduktion der organischen Belastung wurde mit Graphitelektroden untersucht. Es wurde festgestellt, dass eine Stromdichte von 0,024 A/cm^2 über einen Zeitraum von 2 Stunden bei einem pH-Wert von 9,0 die besten Ergebnisse in Bezug auf die Reduzierung von CSB und TKN erbrachte. Der Energiebedarf für die Reduzierung von 1 kg TKN und 1 kg CSB beträgt 22,45 kWh bzw. 0,80 kWh bei pH 9 und 0,024 A/cm.^{2}

Ahmed Basha *et al.* (2009) untersuchten den elektrochemischen Abbau der Einweichflüssigkeit, des Gerbereiabwassers und des Abwassers nach dem Gerben mit einer Ti/RuOx-TiOx-beschichteten unlöslichen Titansubstratanode (TSIA). Die Behandlung erwies sich für die Einweichflüssigkeit als wirksam, da der organische Anteil fast vollständig mineralisiert wurde. Eine hohe Natriumchloridkonzentration macht das Verfahren effektiv, indem sie die Geschwindigkeit, die Fertigstellung und die Energieeffizienz des Prozesses verbessert. Der optimale Betriebspunkt, der eine maximale CSB-Entfernung (94,8 %) ermöglicht, wurde mit Hilfe von RSM bei einer Umwälzungsrate von 142,8 L h^{-1}, einer Stromdichte von 5,8 A dm^{-2} und einer Zeit von 7,05 h ermittelt.

Rameshraja *et al.* (2009) gaben einen Überblick über die verschiedenen Oxidations- und kombinierten

Verfahren zur Behandlung von Gerbereiabwässern wie UV/H2O2/Hypochlorite, Fenton- und Elektrooxidation, photochemische, photokatalytische, elektrokatalytische Oxidation, Nassluftoxidation, Ozonierung, biologische Verfahren gefolgt von Ozon/UV/H2O2, Koagulation oder Elektrokoagulation und katalytische Behandlungen. Für Gerbereiabwässer mit Sulfid als Hauptschadstoffquelle ist die Elektrokoagulation das beste Entfernungsverfahren, während für Chrom die photokatalytische Oxidation mit Nano-TiO2 und die Nassluftoxidation in Gegenwart von Mangansulfat und Aktivkohle als Katalysator effiziente Verfahren sind.

Lidia Szpyrkowicz et al. (2005) untersuchten den Einfluss von Anoden auf der Basis von Edelmetallen und Metalloxiden (Ti/Pt-Ir, TiZPbO?, Ti/PdO-Co3O4 und Ti/RhOx-TiO?) auf die elektrochemische Oxidation zur Behandlung von Gerbereiabwasser. Die Studie zeigte, dass die Geschwindigkeit der Schadstoffentfernung erheblich von der Art des Anodenmaterials und auch von den elektrochemischen Parametern beeinflusst wurde. Das zur Interpretation der Ergebnisse angewandte kinetische Modell pseudoerster Ordnung zeigte, dass die Anoden Ti/Pt-Ir und Ti/PdO-Co3O4 unter den meisten getesteten Bedingungen besser abschnitten als die beiden anderen Elektroden, wobei die höchste Entfernungsrate für Ammoniak erzielt wurde (kinetische Geschwindigkeitskonstante k ¼ 0:75 min^{-1}).

Marco Panizza et al. (2004) untersuchten die elektrochemische Oxidation von pflanzlichen Gerbereiabwässern als Tertiärbehandlung durch galvanostatische Elektrolyse unter Verwendung von Bleidioxid (Ti/PbO2) und gemischtem Titan- und Rutheniumoxid (Ti/TiRuO2) als Anoden unter verschiedenen Versuchsbedingungen. Die Versuchsergebnisse zeigten, dass beide Elektroden eine vollständige Mineralisierung des Abwassers bewirkten. Insbesondere fand die Oxidation an der PbO2-Anode durch direkten Elektronentransfer und indirekte Oxidation durch aktives Chlor statt, während sie an der Ti/TiRuO2-Anode nur durch indirekte Oxidation erfolgte. Bei der Ti/PbO2-Anode war die Oxidationsrate etwas höher als bei der Ti/TiRuO2-Anode. Obwohl die Ti/TiRuO2-Anode fast den gleichen Energieverbrauch für die vollständige Entfernung des CSB benötigte, war sie stabiler und setzte keine toxischen Ionen frei, so dass sie der beste Kandidat für industrielle Anwendungen war.

N N Rao et al. (2001) untersuchten die elektrochemische Behandlung von Gerbereiabwasser unter Verwendung von Ti/Pt-, Ti/PbO2- und Ti/MnO2-Anoden und einer Ti-Kathode in einem Zwei-Elektroden-Rührreaktor. Die Veränderungen der Farbkonzentration, des chemischen Sauerstoffbedarfs (CSB), des Ammoniaks (NH_4^+), des Sulfids und des Gesamtchroms wurden in Abhängigkeit von der Behandlungszeit und der angewandten Stromdichte bestimmt. Der Wirkungsgrad von Ti/Pt betrug 0,802 kgCOD h A m^{-1-1-2} und 0,270 $kgNH4^+$ h^{-1} A m^{-1-2}, und der Energieverbrauch betrug 5,77kWhkg^{-1} COD und 16,63 kWhkg^{-1} NH_4^+. Die Reihenfolge der Effizienz der Anoden war Ti/Pt ≫ Ti/PbO2 > Ti/MnO2. Die Ergebnisse deuten darauf hin, dass die Elektrooxidationsmethode für eine wirksame Oxidation von Gerbereiabwässern eingesetzt werden kann und ein Abwasser mit einer deutlich geringeren Schadstoffbelastung erzielt werden kann.

Lidia Szpyrkowicz et al. (1995) untersuchten die Behandlung von Gerbereiabwässern durch elektrochemische Verfahren unter Verwendung von Ti/Pt- und Ti/Pt/Ir-Elektroden. Das Ziel einer zufriedenstellenden Eliminierung von NH$^+$ 4 aus Abwässern unterschiedlicher Stärke wurde mit beiden Elektrodentypen erreicht. Eine Ti/Pt/Ir-Anode erwies sich als elektrokatalytisch geeignet für die Entfernung von NH$^+$ 4, war aber empfindlicher gegenüber Vergiftungen durch im Abwasser enthaltenes H2S. Bei beiden Elektrodentypen folgte die NH$^+$4 -Entfernung einer Pseudokinetik erster Ordnung, wobei die Geschwindigkeit in Abhängigkeit von der Anwesenheit organischer Substanzen abnahm. Eine gleichzeitige Entfernung von CSB wurde insbesondere bei einer Ti/Pt-Anode beobachtet, doch reichte das Ausmaß nicht aus, um die Einleitungsgrenzwerte einzuhalten, wenn das Rohabwasser nur durch den elektrochemischen Prozess behandelt wird. Zusammenfassend lässt sich sagen, dass das elektrochemische Verfahren erfolgreich als abschließende Reinigung oder als Alternative zur biologischen Nitrifikation eingesetzt werden kann, aber die traditionelle Behandlung von Gerbereiabwässern nicht vollständig ersetzen kann.

Yunlan Xu et al. (2009) entwickelten einen photokatalytischen Cu-TiO2/Ti-Doppelscheibenreaktor (PC) und wandten ihn zur Behandlung von Labor- und Industrieabwässern mit Farbstoffen an. Runde TiO2/Ti und Cu-Scheiben gleicher Größe sind durch einen Cu-Draht verbunden und parallel auf einer Achse befestigt, die sich kontinuierlich mit 90 U/min dreht. Eine hohe Behandlungseffizienz wird durch eine direkte Photooxidation an der TiO2/Ti-Photoanode sowie einen zusätzlichen Abbau an der Cu-Kathode erreicht, der über eine indirekte Wasserstoffperoxid (H2O2)-Oxidation und eine direkte Elektroreduktion des Farbstoffs an der Kathode vermutet wird. Der Mechanismus des Cu-TiO2/Ti-Doppel-Drehscheiben-PC-Reaktors wurde untersucht. In einer 20 mg L^{-1} Rhodamin B (RB)-Lösung wurden während der PC-Behandlung zwischen der Cu- und der TiO2/Ti-Elektrode etwa 100 mV an Potenzial und 10 μA an Strom gemessen. Dieses Phänomen wurde durch spontanen Elektronentransfer erklärt, der auf demselben Prinzip der Errichtung einer Schottky-Barriere beruht. Auf der Cu-Elektrodenoberfläche reduzierten die Photoelektronen entweder direkt Farbstoffmoleküle oder reagierten mit gelöstem Sauerstoff (DO), um H2O2 zu bilden.

Ashtoukhy et al. (2009) untersuchten eine elektrochemische Behandlung, die auf dem Prinzip der anodischen Oxidation beruht, um das Abwasser der Papierfabrik Rakta's Pulp and Paper Company zu behandeln, in der Reisstroh zur Herstellung von Papierbrei verwendet wird. Die Versuche wurden in einem zylindrischen Rührwerksbehälter durchgeführt, der mit Bleiblech als Anode ausgekleidet war, während ein konzentrisches zylindrisches Sieb aus Edelstahlblech als Kathode diente. Die Auswirkungen von Stromdichte, pH-Wert, NaCl-Konzentration, Drehzahl des Rührwerks und Temperatur auf die Geschwindigkeit der Farb- und CSB-Entfernung wurden untersucht. Die Ergebnisse zeigten, dass der Einsatz der elektrochemischen Technik den CSB von einem Durchschnittswert von 5500 auf 160 reduziert. Der Prozentsatz der Farbentfernung lag je nach Betriebsbedingungen zwischen 53 % und 100 %. Die Berechnung des Energieverbrauchs zeigt, dass der Energieverbrauch je nach den Betriebsbedingungen zwischen 4 und 29 kWh/m^3 Abwasser liegt. Die Versuchsergebnisse belegen, dass die elektrochemische Oxidation ein leistungsfähiges Instrument zur Behandlung von Abwässern aus Papierfabriken ist, in denen Reisstroh als Rohstoff verwendet wird.

Ilje Pikaar et al. (2011) verglichen die Leistung von fünf verschiedenen mit Mischmetalloxiden (MMO) beschichteten Titanelektrodenmaterialien für die elektrochemische Entfernung von Sulfid aus Haushaltsabwasser. Diese Studie zeigt, dass alle untersuchten MMO-beschichteten Titanelektrodenmaterialien als anodische Materialien für die Entfernung von Sulfid aus Abwasser geeignet sind. Ta/Ir- und Pt/Ir-beschichtete Titanelektroden scheinen die am besten geeigneten Elektroden zu sein, da sie das niedrigste

Überpotenzial für die Sauerstoffentwicklung aufweisen, bei niedriger Chloridkonzentration stabil sind und bereits in großem Maßstab eingesetzt werden.

Arseto et al. (2011) untersuchten die elektrochemische Oxidation von Umkehrosmosekonzentrat an mit Mischmetalloxid (MMO) beschichteten Titanelektroden. Unter Verwendung von elektrochemischen Zweikammer-Systemen im Labormaßstab wurden fünf Elektrodenmaterialien (d. h. mit IrO_2-Ta_2O_5, RuO_2-IrO_2, Pt-IrO_2, PbO_2 und SnO_2-Sb beschichtetes Titan) als Anoden in Batch-Experimenten mit ROC aus einer fortgeschrittenen Wasseraufbereitungsanlage getestet. Die beste Oxidationsleistung wurde für Ti/Pt-IrO2-Anoden beobachtet, gefolgt von Ti/SnO2-Sb- und Ti/PbO2-Anoden.

Elisabetta Turro et al. (2011) untersuchten die elektrochemische Oxidation von stabilisiertem Deponiesickerwasser mit 2960 mg L^{-1} chemischem Sauerstoffbedarf (CSB) über einer Ti/IrO2-RuO2-Anode in Gegenwart von HClO4 als Trägerelektrolyt. Der Schwerpunkt lag dabei auf der Auswirkung verschiedener Parameter als Quelle zusätzlicher elektroerzeugter Oxidationsmittel auf die Leistung. Die wichtigsten Parameter, die den Prozess beeinflussten, waren der pH-Wert des Abwassers und die Zugabe von Salzen. Das Ergebnis: 90% CSB, 65% TC und vollständige Farb- und TPh-Entfernung bei einem Stromverbrauch von 35 kWh kg^{-1} CSB entfernt.

2.1 UMFANG UND ZIEL DES PROJEKTS

Ziel der vorliegenden Forschungsarbeit ist die Untersuchung des vollständigen Abbaus organischer Schadstoffe im Gerbereiabwasser durch Elektrooxidation unter Verwendung eines neuartigen elektrochemischen Drehscheibenreaktors. Um dieses Ziel zu erreichen, werden die folgenden Ziele formuliert:

1. Entwurf und Herstellung eines elektrochemischen Reaktors mit rotierender Scheibe

2. Vergleich der Leistung der Elektrooxidation von Gerbereiabwasser in drei konventionellen elektrochemischen Reaktorkonfigurationen wie Batch, Batch-Rezirkulation und Durchlauf, um eine bessere Reaktorkonfiguration zu wählen.

3. Ermittlung des Abbaumechanismus der organischen Schadstoffe durch kinetische Modellierung.

4. Bewertung des Potenzials der elektrochemischen Oxidation als Ersatz für die derzeitige tertiäre Behandlung von Gerbereiabwässern mittels Aktivkohleadsorption

KAPITEL 3

MATERIALIEN UND METHODEN

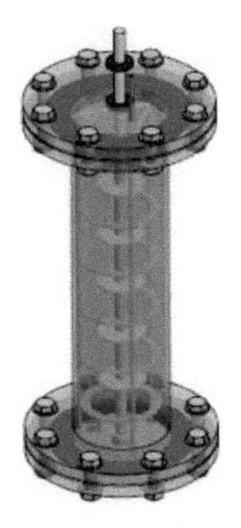

Eine rotierende Scheibenelektrode (RDE), wie in Abbildung 3.1 dargestellt, ist ein hydrodynamisches Elektrodensystem. Die Elektrode dreht sich während der Experimente, wodurch ein Fluss von Analyten zur Elektrode entsteht. Die rotierenden Scheibenelektroden werden in elektrochemischen Studien zur Untersuchung von Reaktionsmechanismen im Zusammenhang mit der Redoxchemie und anderen chemischen Phänomenen verwendet. Die komplexere rotierende Ring-Scheiben-Elektrode kann als rotierende Scheiben-Elektrode verwendet werden, wenn der Ring während des Experiments inaktiv bleibt. Im vorliegenden System wurde eine rotierende Edelstahlkathode und eine stationäre, mit Rutheniumoxid (RuO_2) beschichtete Titananode verwendet. Die rotierende Scheibenelektrode hat ein Volumen von 2,75 l, einen Außendurchmesser von 10 cm und eine vertikale Höhe von 50 cm, wie in Abbildung 3.2 dargestellt.

Abb. 3.1 Rotierende Scheibenelektrode

Aktive Elektroden verändern sich während des Prozesses erheblich und vermitteln die Oxidation organischer Spezies durch die Bildung von Oxiden des Metalls in höherem Oxidationszustand (MO_{x+1}), wenn ein solcher höherer Oxidationszustand für das Metalloxid (z. B. Pt, RuO_2 oder IrO_2) verfügbar ist, was zu einer selektiven Oxidation führt. Inaktive Elektroden fungieren lediglich als Elektronensenken, und ihre Bestandteile nehmen nicht an dem Prozess teil. Inaktive Elektroden haben keine höhere Oxidationsstufe zur Verfügung, und die organische Spezies wird direkt durch ein adsorbiertes Hydroxylradikal oxidiert, was im Allgemeinen zu einer vollständigen Verbrennung des organischen Moleküls führt. Typische inaktive Elektroden sind Dünnschichtelektroden aus Diamant und vollständig oxidierte Metalloxide wie PbO_2 und SnO_2. Die aktive Oberfläche der Anode beträgt 365 cm^2, wo die Oxidation stattfindet.

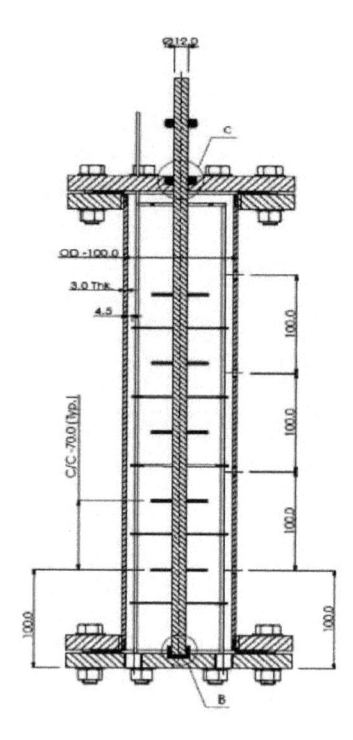

Abb. 3.2 Vorderansicht der rotierenden Scheibenelektrode mit Angabe der Abmessungen

3.1 EIGENSCHAFTEN DES ABWASSERS

Das Abwasser wurde aus der Pallavaram CETP in der Nähe von Chennai entnommen. Die gesammelten Abwässer werden biologisch nachbehandelt. Die Merkmale des Abwassers sind in Tabelle 3.1 aufgeführt.

Die Drittbehandlung des Abwassers erfolgt auf konventionelle Weise durch Adsorptionstechnik und Aktivkohle als Adsorptionsmittel. Dadurch wird der CSB des Abwassers auf weniger als 250 mg L^{-1} reduziert, was den Umweltnormen für die Einleitung entspricht. Diese Technik ist jedoch kostspielig und bringt Probleme bei der Regenerierung mit sich. Die Entsorgung der gesättigten Aktivkohle kann zuweilen selbst ein Umweltproblem darstellen und wird in der Regel nicht bevorzugt. Bei der vorliegenden Methode wurde die elektrochemische Oxidation als Drittbehandlungstechnik eingesetzt.

Tabelle 3.1 Merkmale des in der Pallavaram CETP gesammelten sekundären Abwassers

PARAMETER	WERT
pH-Wert	7.55
Leitfähigkeit	10210 µMhos cm^{-1}
Chrom	Null
Chlorid	1450 mg L^{-1}
Gelöste Feststoffe insgesamt (TDS)	5230 mg L^{-1}

Suspendierte Feststoffe insgesamt (TSS)		126 mg L^{-1}
Organischer (TOC)	Gesamtkohlenstoff	361 mg L^{-1}

3.2 BATCH-MODUS

Ähnlich wie bei konventionellen Reaktoren kann die Reaktionsgeschwindigkeit (für die Entfernung von TOC) bei einer diskontinuierlichen rotierenden Scheibenelektrode wie folgt ausgedrückt werden

$$-\left(\frac{V_e}{A_e}\right)\frac{dC}{dt} = \frac{i}{zF} = k_1 C \tag{10}$$

Die Integration der obigen Gleichung ergibt

$$C = C_o \exp(-k_L a_s t) \tag{11}$$

Oder

$$-\ln\left[\frac{C}{C_o}\right] = k_L a_s t \tag{12}$$

wobei Ve= Abwasservolumen (cc), Ae= effektive Anodenfläche (cm^2), i= Stromdichte (A/dm^2), z= die Anzahl der an der elektrochemischen Reaktion beteiligten Elektronen, F= Faraday-Konstante, C= TOC (mg/l) zum Zeitpunkt t, C0= anfänglicher TOC (mg/l) und as= spezifische Anodenfläche (1/cm)= Ae/Ve. Eine Darstellung von t gegen -ln(C/C0) ergibt die Geschwindigkeitskonstante kL

Bei der elektrochemischen Umwandlung werden die hochmolekularen aromatischen Verbindungen und aliphatischen Ketten in Zwischenprodukte für die weitere Verarbeitung aufgespalten. Bei der elektrochemischen Verbrennung werden die organischen Stoffe vollständig zu CO_2 und H_2O oxidiert. Der Fortschritt der Zerstörung des organischen Schadstoffs kann durch TOC-Bestimmung überwacht werden. Die für die Oxidation organischer Schadstoffe erforderlichen Potenziale sind im Allgemeinen hoch, und die Produktion von Sauerstoff aus der Elektrolyse von Wassermolekülen kann die Reaktionsausbeute bestimmen. Die Stromausbeute der Elektrolyse kann mit dem folgenden Ausdruck berechnet werden.

$$\text{Current Efficiency (CE)} = \frac{Q \Delta C}{\left(\frac{161}{2F}\right)} \times 100 \tag{13}$$

wobei ΔC die Differenz des TOC in mg/l ist, die durch die Behandlung mit I Strom für t Sekunden entsteht. Ve ist das Volumen des Abwassers (cc). Q ist der volumetrische Durchfluss in l/s. Während der Stromwirkungsgrad den Anteil des Gesamtstroms angibt, der für die angestrebte Reaktion durchgelassen wird, bezeichnet der Begriff Energieverbrauch E die Energiemenge, die im Prozess für den Abbau von einem kg TOC verbraucht wird.

3.3 BATCH-REZIRKULATIONSMODUS

Der Versuchsaufbau für die Betriebsart Batch/Batch-Rezirkulation/Once-Through ist in Abb. 3.3 schematisch dargestellt. Durch Einstellen der Ventile kann derselbe Aufbau entweder im Batch-, Batch-Rezirkulations- oder Once-Through-Modus betrieben werden (d. h. im Batch-Modus fehlen die Ströme 2 und 3, im Batch-Rezirkulations-Modus fehlt der Strom 3 und im Once-Through-Modus fehlt der Strom 2).

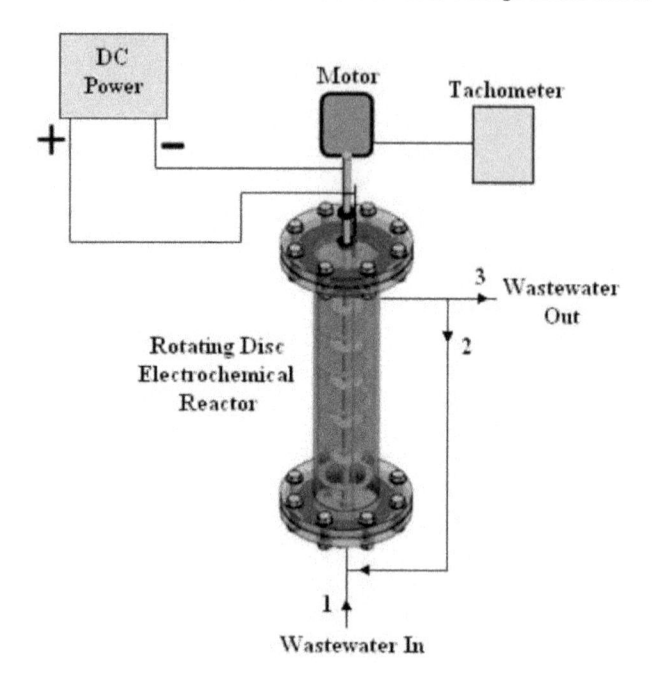

Abb. 3.3 Versuchsaufbau bestehend aus der RDE

Der erforderliche Rücklaufdurchsatz (Q) wurde durch Pumpen und Einstellen der Ventile eingestellt. An die Elektroden wurde eine Gleichstromversorgung angeschlossen, die den Strom konstant auf dem erforderlichen Niveau hielt, und aus dem Ausgangsstrom wurden für jede Versuchsbedingung Proben entnommen, um den TOC-Wert zu bestimmen. Die Effizienz des elektrochemischen Reaktors wurde unter verschiedenen Bedingungen wie Stromdichte, Drehgeschwindigkeit der Kathode, anfänglicher pH-Wert und Durchflussrate der Rezirkulation untersucht.

3.4 EINMALIGER DURCHLAUFMODUS

Die erforderliche Durchflussmenge durch den Reaktor wurde durch Pumpen und Einstellen der Ventile (d. h. Strom 1 und 2 in geschlossenem Zustand) eingestellt. Der Rücklaufbetrieb wurde durch Schließen des Rücklaufventils auf den Durchlaufbetrieb umgestellt. Der Nachspeisestrom wurde weiter geöffnet, um das Volumen des Reservoirs konstant zu halten. An die Elektroden wurde eine Gleichstromversorgung angeschlossen, die einen konstanten Strom auf dem erforderlichen

Niveau hielt, und es wurden Proben für die TOC-Bestimmung entnommen. Für jeden Versuchsfall wurde genau eine Verweilzeit des Reaktors angesetzt, bevor der Auslassstrom zur TOC-Bestimmung entnommen wurde. Die Effizienz des elektrochemischen Reaktors wurde unter verschiedenen Bedingungen wie Stromdichte, Drehgeschwindigkeit der Kathode, anfänglicher pH-Wert und Durchflussmenge untersucht.

KAPITEL 4

ERGEBNISSE UND DISKUSSION

Es wurden Experimente durchgeführt, um die Parameter wie Stromdichte, Kathodendrehzahl, anfänglicher pH-Wert und Abwasserdurchflussrate zu optimieren. Der gesamte organische Kohlenstoff (TOC) der behandelten Proben, die in einem Abstand von 30 Minuten entnommen wurden, wurde gemessen, um die Effizienz der Behandlung zu beurteilen. Der TOC des Gerbereiabwassers wurde mit einem Shimadzu TOC-Analysator gemessen. Die Prozessleistung wird in zwei Formen definiert, zum einen über die prozentuale TOC-Entfernung und zum anderen über den spezifischen Energieverbrauch in kWh/g entfernten TOC.

4.1 AUSWIRKUNG DER STROMDICHTE

Die Stromdichte ist ein Maß für die Flussdichte einer konservierten Ladung. Die Versuche wurden mit verschiedenen Stromdichten durchgeführt, nämlich 5, 10, 15 und 20 mA/cm^2. Die Drehgeschwindigkeit der Kathode wurde auf einen konstanten Wert von 250 U/min und einen anfänglichen pH-Wert von 7,5 festgelegt. Es wurde festgestellt, dass der prozentuale TOC-Abbau mit steigender Stromdichte zunimmt. Im Batch-Betrieb erreichte die prozentuale TOC-Entfernung einen Wert von 87,1 % in 2 Behandlungsstunden, während sie im Batch-Rezirkulationsbetrieb einen Wert von 95 % in der gleichen Zeitspanne erreichte. Bei beiden Methoden erwies sich eine Stromdichte von 15 mA/cm^2 als optimaler Wert, da eine Erhöhung über diesen Wert hinaus nur eine geringfügige Steigerung der TOC-Entfernung brachte. Diese geringfügige Zunahme der TOC-Entfernung könnte darauf zurückzuführen sein, dass der Prozess seine Sättigung in Bezug auf die angelegte Ladung erreicht. Außerdem wurde bei 20 mA/cm^2 festgestellt, dass die Temperatur des behandelten Abwassers um einige Grad höher war, was darauf hinweist, dass die zusätzliche Ladung in Wärmeenergie umgewandelt wurde. Im Once-Through-Modus wurde das Experiment für die Dauer einer hydraulischen Verweilzeit durchgeführt, und die erzielte prozentuale TOC-Entfernung betrug 42 % bei 15 mA/cm^2 und einem Abwasserdurchsatz von 2 l/h. Die Auswirkungen der Stromdichte auf die prozentuale TOC-Entfernung sind in Abbildung 4.1.1 und Abbildung 4.1.2 dargestellt.

Tabelle 4.1.1 Auswirkung der Stromdichte auf die prozentuale TOC-Entfernung im Chargenbetrieb. pH-Wert: 7,5; Kathodendrehzahl: 250 U/min

Zeit (min)	i (mA/cm)^2				i (mA/cm)^2			
	5	10	15	20	5	10	15	20
	TOC (mg/l)				TOC-Entfernung (%)			
0	361.42	361.42	361.42	361.42	0	0	0	0
30	281.51	223.21	161.91	118.13	22.10	38.24	55.20	67.31
60	207.89	132.30	58.03	53.33	42.47	63.39	83.94	85.24
90	161.91	104.54	34.44	34.44	55.20	71.07	90.46	90.46
120	118.13	68.26	25.72	29.31	67.31	81.11	92.88	91.88
150	104.54	58.03	23.79	23.71	71.07	83.94	93.41	93.50

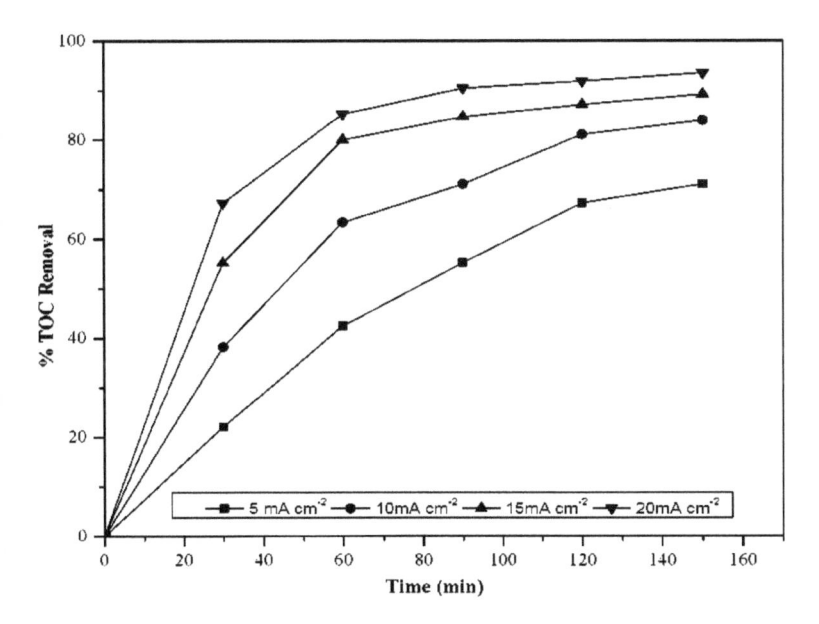

Abb. 4.1.1 Einfluss der Stromdichte auf die prozentuale TOC-Entfernung im Vergleich zur Elektrolysezeit. Kathodendrehzahl: 250 U/min; pH-Wert: 7,5;

Tabelle 4.1.2 Auswirkung der Stromdichte auf die prozentuale TOC-Entfernung bei Batch-Rezirkulation. Durchflussrate: 60 lph; pH: 7,5; Kathodendrehzahl: 250 U/min

Zeit (min)	$i\ (mA/cm)^2$				$i\ (mA/cm)^2$			
	5	10	15	20	5	10	15	20
	TOC (mg/l)				TOC-Entfernung (%)			
0	361	361	361	361	0	0	0	0
23.4	254.5	227.4	218.4	209.3	29.5	37.6	39.5	42
46.8	176.8	148.1	135.3	124.5	51.8	59.4	62.5	65.5
70.2	111.9	75.8	57.7	48.7	69.3	79.1	84.2	86.5
93.6	72.2	39.7	19.8	18.0	80.1	89.2	94.5	95.2
117	70.3	32.4	18.0	16.2	80.5	91	95.1	95.5

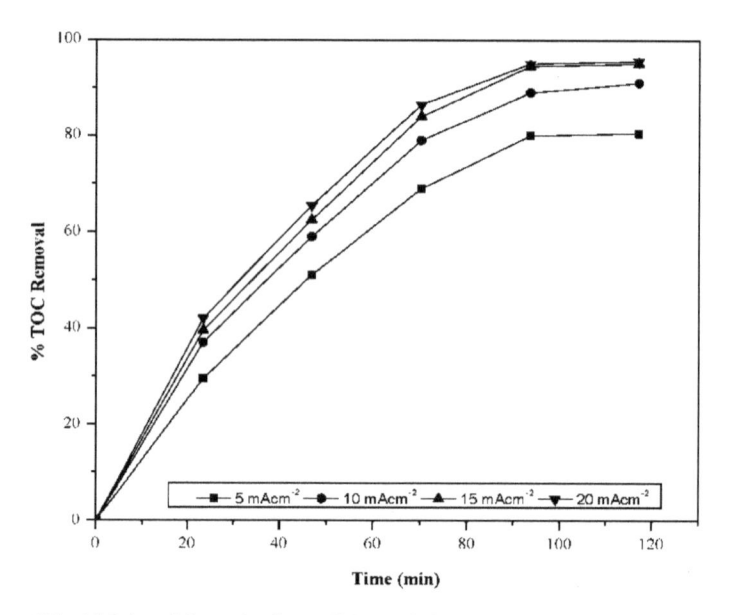

Abb. 4.1.2 Auswirkung der Stromdichte auf die prozentuale TOC-Entfernung bei Batch-Rezirkulation. Durchflussrate: 60 lph; pH: 7,5; Kathodendrehzahl: 250 rpm;

4.2 AUSWIRKUNG DER DREHGESCHWINDIGKEIT DER KATHODE

Um die Auswirkung der Drehgeschwindigkeit der Kathode auf die TOC-Entfernung zu untersuchen, wurde eine Reihe von Experimenten mit verschiedenen Drehgeschwindigkeiten von 250, 500, 750 und 1000 U/min bei einer Stromdichte von 15 mA/cm² und einem anfänglichen pH-Wert von 7,5 durchgeführt. Abbildung 4.2.1 und Abbildung 4.2.2 zeigen die Auswirkung der Kathodendrehzahl auf die TOC-Entfernung im Batch-Modus bzw. im Batch-Rezirkulations-Modus. Es ist festzustellen, dass die prozentuale TOC-Entfernung mit zunehmender Drehzahl der Kathode steigt. Dies bestätigt die Tatsache, dass die Entfernungsreaktion diffusionsgesteuert ist. Die Erhöhung der Rotationsgeschwindigkeit führt zu einer Erhöhung der Turbulenzintensität, verringert die Dicke der Diffusionsschicht an der Elektrodenoberfläche und verbessert die Mischungsbedingungen im Elektrolytvolumen. Dadurch erhöht sich die Geschwindigkeit des Transfers von Reaktanten und Produkten zur und von der Anodenoberfläche.

Wird die Drehzahl im Batch-Betrieb von 250 auf 500 U/min erhöht, steigt die prozentuale TOC-Entfernung nach 2 Stunden Behandlung von 87,1 % auf 93,5 %. Eine weitere Erhöhung der Rotationsgeschwindigkeit führte zu einem leichten Rückgang des TOC-Abbaus. Der verstärkende Effekt der Rotationsgeschwindigkeit auf die Entfernungsrate wird bei hohen Rotationsgeschwindigkeiten (z.B. >500 U/min) weniger ausgeprägt, was wahrscheinlich darauf zurückzuführen ist, dass die diffusionsgesteuerte kathodische Reduktion von Hypochlorit und seine anodische Oxidationsreaktion bei hohen Rotationsgeschwindigkeiten begünstigt werden. Außerdem bilden sich bei hohen Drehzahlen Gasblasen, die die Anode vor dem Kontakt mit dem Elektrolyten schützen und so die Oxidation einschränken. Auch bei der Batch-Rezirkulation stieg die TOC-Entfernung nach 2 Stunden von 75 % auf 80,5 %, und eine weitere Erhöhung der Rotationsgeschwindigkeit brachte keine wesentlichen Veränderungen. Im Durchlaufbetrieb stieg die TOC-Entfernung nach einer hydraulischen Verweilzeit bei einer Durchflussrate von 2 l/h von 51,6 % auf 56,5 %. In allen oben genannten Fällen erwies sich eine Kathodendrehzahl von 500 U/min als optimaler Wert.

Tabelle 4.2.1 Auswirkung der Drehgeschwindigkeit der Kathode auf die prozentuale TOC-Entfernung im Chargenbetrieb. Stromdichte: 15 mAcm^{-2} ; pH: 7,5;

Zeit (min)	RPM				RPM			
	250	500	750	1000	250	500	750	1000
	TOC (mg/l)				TOC-Entfernung (%)			
0	361.42	361.42	361.42	361.42	0	0	0	0
30	161.91	146.93	146.93	139.56	55.20	59.34	59.34	61.38
60	58.03	68.26	68.26	37.56	83.94	85.24	81.11	85.24
90	34.44	48.91	41.01	23.47	90.46	91.23	88.65	89.60
120	25.72	34.44	29.31	31.69	92.88	93.50	91.88	90.46

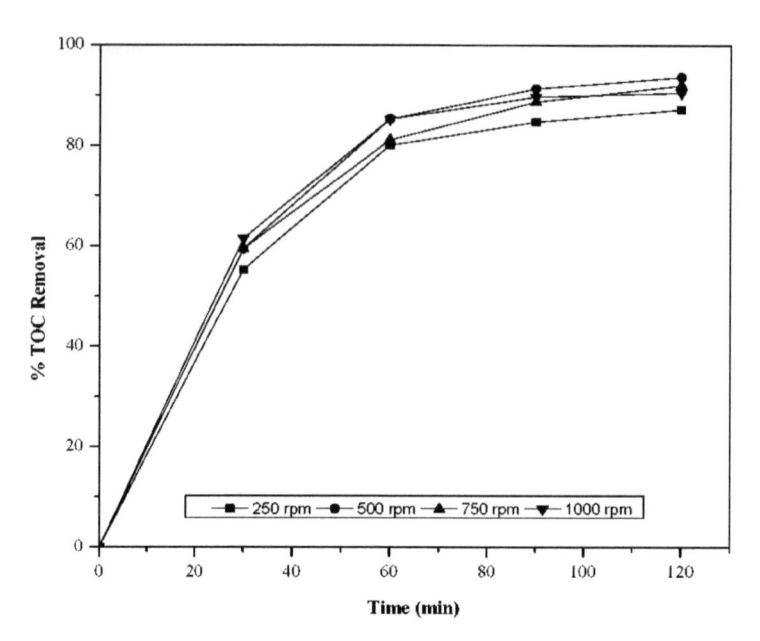

Abb. 4.2.1 Auswirkung der Drehgeschwindigkeit der Kathode auf die prozentuale TOC-Entfernung im Chargenbetrieb. Stromdichte 15mAcm^{-2} ; pH: 7,5;

Tabelle 4.2.2 Auswirkung der Drehgeschwindigkeit der Kathode auf die prozentuale TOC-Entfernung, Durchflussrate: 60 lph; Stromdichte: 5 mAcm^{-2} ; pH 7,5;

Zeit (min)	Kathodendrehung Drehzahl (U/min)				Kathodendrehung Drehzahl (U/min)			
	250	500	750	1000	250	500	750	1000
	TOC (mg/l)				TOC-Entfernung (%)			
0	361	361	361	361	0	0	0	0
23.4	263.5	254.5	245.4	241.8	27.3	29.5	32	33.5
46.8	187.7	176.8	167.8	155.2	48.5	51.8	53.5	57
70.2	122.7	111.9	108.3	104.6	66.8	69	70.2	71
93.6	88.4	72.2	68.59	66.7	75.5	80.1	81.1	81.5
117	81.2	70.3	64.9	63.5	77.5	80.5	82	82.5

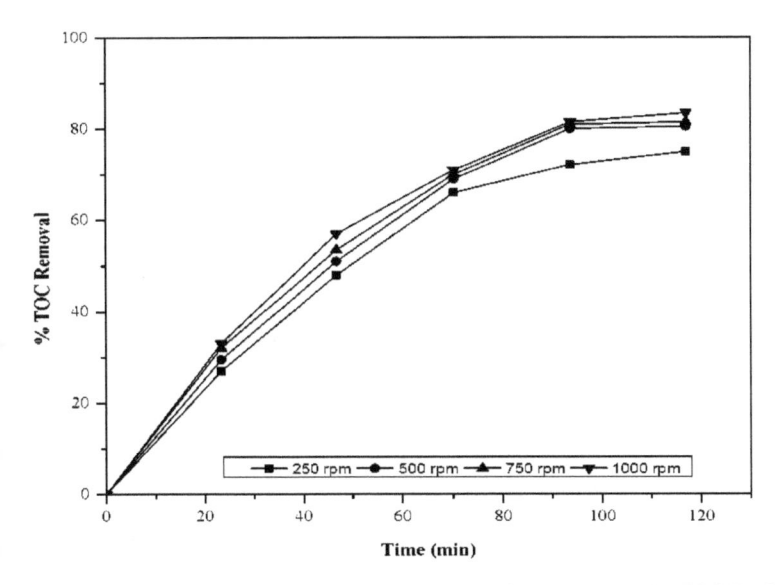

Abb. 4.2.2 Auswirkung der Kathodendrehzahl auf die prozentuale TOC-Entfernung bei Batch-Rezirkulation. Durchflussrate: 60 lph; Stromdichte: 5 mAcm^{-2} ; pH 7,5;

4.3 AUSWIRKUNG DES pH-Werts

Zur Untersuchung der Auswirkung des pH-Werts auf die prozentuale TOC-Entfernung wurde eine Reihe von Experimenten bei verschiedenen pH-Werten für eine gegebene Stromdichte von 15 mA/cm^2 und eine Kathodenrotationsgeschwindigkeit von 500 U/min durchgeführt. Abbildung 4.3.1 und Abbildung 4.3.2 zeigen die Auswirkung des anfänglichen pH-Werts auf die prozentuale TOC-Entfernung im Batch- bzw. Batch-Rezirkulationsbetrieb.

Es wurde festgestellt, dass die prozentuale TOC-Entfernung mit dem Anstieg des anfänglichen pH-Werts des Abwassers stetig abnimmt. Im Batch-Betrieb wurde bei einem pH-Wert von 4 eine TOC-Entfernung von 92,8 % festgestellt, und bei einem pH-Wert von 10 sank der Wert nach 2 Stunden Behandlung auf 78 %. Dies könnte darauf zurückzuführen sein, dass bei einem niedrigeren pH-Wert Cl2 entsteht und bei alkalischen Bedingungen O2 durch eine Nebenreaktion entsteht, das im Vergleich zu Cl2 ein schwächeres Oxidationsmittel ist. Bei einem pH-Wert von 7,5 (ursprünglicher pH-Wert des Abwassers) betrug die TOC-Entfernung 90,4 %. Dies kann als optimaler pH-Wert verwendet werden, da das Abwasser normalerweise bei diesem Zustand verfügbar ist und keine Änderung des pH-Werts erforderlich ist. Bei der Batch-Rezirkulation wurde bei einem pH-Wert von 95,5 % eine TOC-Entfernung beobachtet, die bei einem pH-Wert von 10 auf 82 % sank. Der gleiche Trend wurde auch im Durchlaufverfahren beobachtet, wo die TOC-Entfernung von 58,4 % auf 42,1 % fiel.

Tabelle 4.3.1 Auswirkung des pH-Wertes auf die prozentuale TOC-Entfernung im Chargenbetrieb. Stromdichte: 15 mAcm^{-2} ; Kathodendrehzahl: 500 U/min;

Zeit (min)	pH-Wert				pH-Wert			
	4	6	7.5	10	4	6	7.5	10
	TOC (mg/l)				TOC-Entfernung (%)			
0	361.42	361.42	361.42	361.42	0	0	0	0
30	104.54	118.13	146.93	238.33	71.074	67.31	59.34	34.05
60	58.03	58.03	68.26	223.21	83.94	83.94	81.11	38.24
90	34.44	41.01	48.91	118.13	90.46	88.65	86.46	67.31
120	25.72	29.31	34.44	79.49	92.88	91.88	90.46	78.01

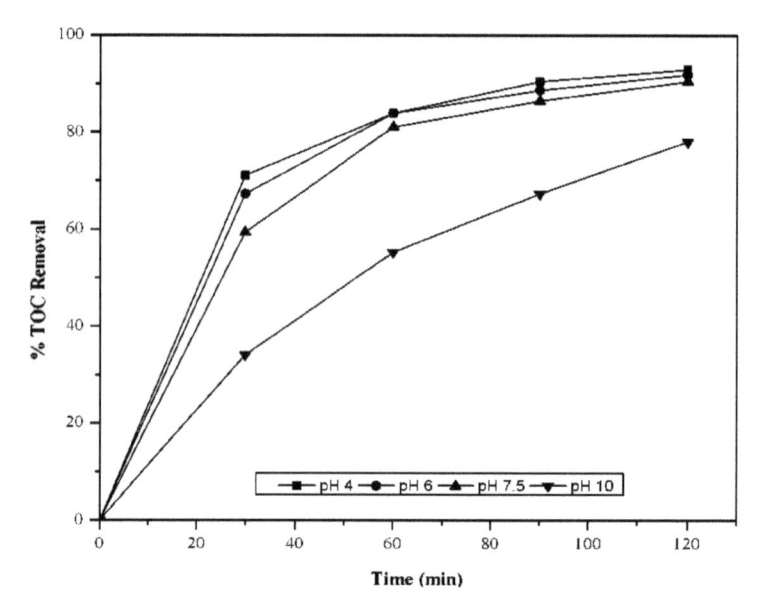

Abb. 4.3.1 Auswirkung des pH-Wertes auf die prozentuale TOC-Entfernung im Chargenbetrieb. Stromdichte: 15 mAcm^{-2} ; Kathodendrehzahl: 500 U/min;

Tabelle 4.3.2 Auswirkung des pH-Wertes auf die prozentuale TOC-Entfernung im Batch-Rezirkulationsmodus. Durchflussrate: 60 lph; Stromdichte: 15 mAcm^{-2} ; Kathodendrehzahl: 500 U/min;

Zeit (min)	pH-Wert 4	6	7.5	pH-Wert 4	6	7.5
	TOC (mg/l)			TOC-Entfernung (%)		
0	361	361	361	0	0	0
23.4	209.3	218.4	261.7	42.4	39.6	27.5
46.8	124.5	135.3	176.8	65.3	62.5	51
70.2	48.7	57.7	117.3	86.4	8.24	67.5
93.6	18.0	19.8	68.5	95.1	94.5	81.1
117	16.2	18.0	64.9	95.5	95	82.2

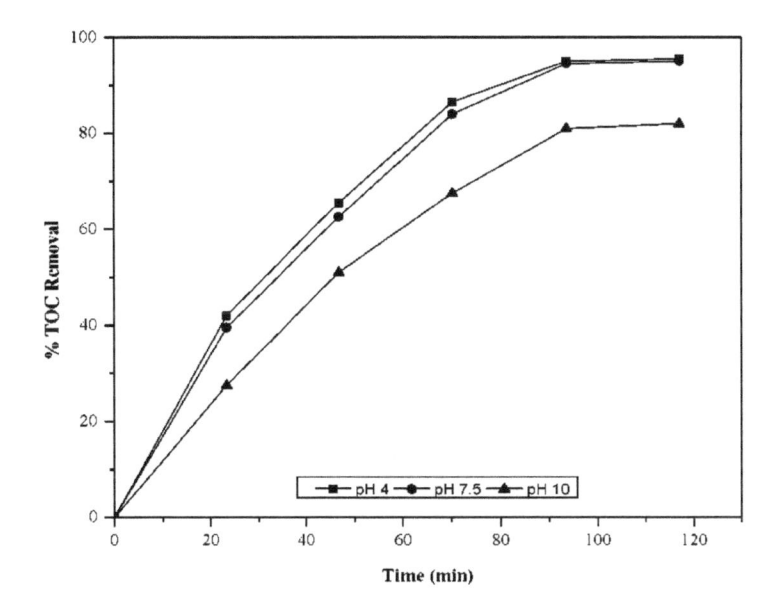

Abb. 4.3.2 Auswirkung des pH-Wertes auf die prozentuale TOC-Entfernung im Batch-Rezirkulationsmodus. Durchflussrate: 60 lph; Stromdichte: 15 mAcm^{-2} ; Kathodendrehzahl: 500 U/min;

4.4 AUSWIRKUNG DER DURCHFLUSSMENGE

Es wurde festgestellt, dass die Durchflussmenge des Abwassers während der Behandlung im Batch-Rezirkulations- und Once-Through-Verfahren ebenfalls einen Einfluss auf die TOC-Entfernung hat. Die bei der Chargenrückführung verwendeten Durchflussraten betrugen 15, 30, 60 und 90 l/h, wobei die anderen

Bedingungen konstant blieben. Es wurde festgestellt, dass die TOC-Entfernung mit steigender Durchflussmenge der Rezirkulation zunahm. Bei 15 l/h wurde eine TOC-Entfernung von 71 % beobachtet, bei 60 l/h stieg sie auf 77 %. Bei 90 l/h blieb die TOC-Entfernung gleich, so dass eine Durchflussrate von 60 l/h als optimaler Wert festgelegt werden kann. Im Durchlaufverfahren wurde die Behandlung mit den Durchflussraten 2, 3, 4 und 5 l/h durchgeführt. Es wurden niedrigere Durchflussraten verwendet, da sich dadurch die Verweilzeit im Reaktor erhöht und somit die TOC-Entfernung gesteigert wird. Bei einer Durchflussrate von 2 l/h wurde eine TOC-Entfernung von 22,5 % beobachtet, bei 5 l/h sank sie auf 3,2 %. Abbildung 4.4 zeigt die Auswirkung der Durchflussrate auf die TOC-Entfernung im Batch-Rezirkulationsmodus.

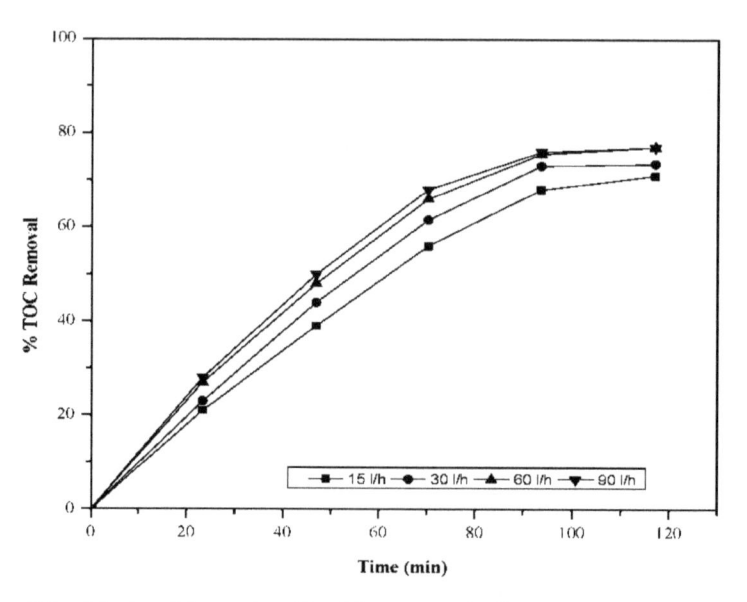

Tabelle 4.4 Auswirkung der Durchflussrate auf die prozentuale TOC-Entfernung im Batch-Rezirkulationsmodus. Stromdichte: 5 mAcm^{-2} ; pH: 7,5; Kathodendrehzahl: 250 U/min;

Zeit (min)	Durchflussmenge (lph)				Durchflussmenge (lph)			
	5	10	15	20	5	10	15	20
	TOC (mg/l)				TOC-Entfernung (%)			
0	361	361	361	361	0	0	0	0
23.4	285.1	277.9	263.5	259.9	21.1	23.5	27	28.4
46.8	220.2	202.1	187.7	180.5	39.2	44	48.3	50.5
70.2	158.8	138.9	122.7	115.5	56.1	61.5	66	68.8
93.6	115.5	97.47	88.4	86.6	68	73.4	75.5	76.1
117	104.6	95.66	83.0	83.0	71	73.5	77.1	77.1

Abb. 4.4 Auswirkung der Durchflussrate auf die prozentuale TOC-Entfernung im Batch-

Rezirkulationsmodus. Stromdichte: 5 mAcm^{-2} ; pH: 7,5; Kathodendrehzahl: 250 U/min;

4.5 SPEZIFISCHER ENERGIEVERBRAUCH

Die Leistung der elektrolytischen Oxidation wird auch anhand des Stromverbrauchs in Form von KWh/Kg entferntem TOC definiert. Der Stromverbrauch spielt eine wichtige Rolle, da er die kommerzielle Anwendbarkeit des Verfahrens begrenzt. Er ist definiert als

$$Specific\ Energy\ Consumption\ (KWh/Kg\ of\ TOC) = \frac{VIt}{\Delta C * V_e}$$

Dabei ist "V" die angelegte Spannung in Volt; "I" der zugeführte Strom in Milliampere; "t" die Elektrolysezeit in Stunden. ΔC ist die Abnahme des TOC, ausgedrückt in mg/Liter. v$_e$" ist das Volumen des behandelten Abwassers in Litern. Die Werte für den spezifischen Energieverbrauch sind in Tabelle 4.5.1, Tabelle 4.5.2 und Tabelle 4.5.3 für den Batch-, den Batch-Rezirkulations- bzw. den One-Through-Modus angegeben.

Tabelle 4.5.1 Spezifische Energieverbrauchswerte im Batch-Modus

Stromdichte (mA/cm²)	Zellspannung (V) Volt	Kathodendrehzahl (R) RPM	Initiale PH	% TOC-Entfernung	Spezifischer Energieverbrauch (E) KWh/Kg TOC	Geschwindigkeitskonstante (K$_L$) min^{-1}
5	4.7	250	7.5	67.3	30.1	0.008
10	5.6	250	7.5	81.1	60.5	0.012
15	8.6	250	7.5	87.1	125.2	0.018
20	10	250	7.5	91.8	193.9	0.017
15	8.6	500	7.5	93.5	100.1	0.023
15	9.0	750	7.5	91.8	106.1	0.021
15	11	1000	7.5	90.5	121.5	0.020
15	8	500	4	92.9	98.4	0.021
15	8.6	500	6	91.9	106.6	0.020
15	11	500	10	78.1	153.4	0.012

Tabelle 4.5.2 Spezifische Energieverbrauchswerte im Batch-Rückführungsmodus

Stromdichte (i) mA/cm²	Zellspannung (V) Volt	Abwasser Durchflussmenge (Q) l/h	Kathodendrehzahl RPM	Ursprünglicher (R) Wert	% TOC-Entfernung	pH-Spezifischer Energieverbrauch (E) KWh/Kg TOC	Geschwindigkeitskonstante (KL) min⁻¹
5	4.5	15	250	7.5	71	41.0	0.011
5	4.7	30	250	7.5	73.5	32.1	0.012
5	4.8	60	250	7.5	75.5	29.1	0.013
5	5.0	90	250	7.5	77	26.3	0.013
5	4.6	60	500	7.5	80.5	25.4	0.015
5	4.8	60	750	7.5	81.5	28.9	0.015
5	4.9	60	1000	7.5	83.5	34.1	0.016
10	8.2	60	500	7.5	91	55.3	0.021
15	10.1	60	500	7.5	95	62.1	0.028
20	11.2	60	500	7.5	95.5	85.1	0.029
15	10	60	500	4	95.5	62.3	0.029
15	9.8	60	500	10	82	66.1	0.015

Tabelle 4.5.3 Spezifische Energieverbrauchswerte im Durchlaufbetrieb

Stromdichte (i) mA/cm²	Zellspannung (V) Volt	Abwasser Durchflussmenge (Q) l/h	Hydraulischer Rückstandszeit (t) min	Kathodendrehzahl (R) RPM	Initial PH	% TOC-Entfernung	Spezifischer Energieverbrauch (E) KWh/Kg TOC	Rate Konstante (KL) min⁻¹
5	4.2	2	82	250	7.5	22.5	46.5	0.003
5	4.1	3	55	250	7.5	16.2	42.1	0.003
5	4.1	4	41	250	7.5	6.5	78.6	0.001
5	4.6	5	33	250	7.5	3.2	143.4	0.001
10	6.3	2	82	250	7.5	27.4	114.6	0.004
15	9.1	2	82	250	7.5	42	162.1	0.006
20	10.9	2	82	250	7.5	51.6	210.6	0.008
20	11.2	2	82	500	7.5	56.5	197.6	0.010
20	12	2	82	750	7.5	58.2	205.6	0.011
20	12.5	2	82	1000	7.5	59.1	210.9	0.011
20	11.3	2	82	500	4	58.4	192.9	0.010
20	11.2	2	82	500	6	57.1	195.6	0.010
20	10.1	2	82	500	10	42.1	239.2	0.006

4.6 Kinetische Studie

Ähnlich wie bei konventionellen Reaktoren kann die Reaktionsgeschwindigkeit erster Ordnung (für die Entfernung von TOC) in einem elektrochemischen Drehscheibenreaktor wie folgt ausgedrückt werden,

$$\frac{dC}{dt} = \frac{i}{zF} = K_L C \qquad (14)$$

Die Integration der obigen Gleichung ergibt

$$C = C_O \exp(-K_L t) \qquad (15)$$

Oder

$$\ln\left(\frac{C_O}{C}\right) = K_L t \qquad (16)$$

Dabei ist "i" die Stromdichte, ausgedrückt in mA/cm^2 ; "z" ist die Anzahl der an der elektrochemischen Reaktion beteiligten Elektronen; "F" ist die Faradaysche Konstante. Eine Darstellung von t gegen ln(C_O/C) ergibt die Steigung, die die Geschwindigkeitskonstante (KL) darstellt. Die Abbildungen 4.6.1, 4.6.2 und 4.6.3 zeigen den Abbaumechanismus der Schadstoffe, der mit Hilfe des kinetischen Modells erster Ordnung für den Batch-Modus angepasst wurde, und die Abbildungen 4.6.4, 4.6.5, 4.6.6 und 4.6.7 stellen die Sicherheit für den Batch-Rezirkulationsmodus dar. Die Werte der Geschwindigkeitskonstante, die bei verschiedenen Betriebsbedingungen ermittelt wurden, sind in Tabelle 4.5.1, Tabelle 4.5.2 und Tabelle 4.5.3 aufgeführt. Ein Modell zweiter Ordnung wurde nicht verwendet, da die erhaltenen Werte für die Anpassungsgüte (R^2) in diesem Fall schlecht waren und daher nicht diskutiert wurden.

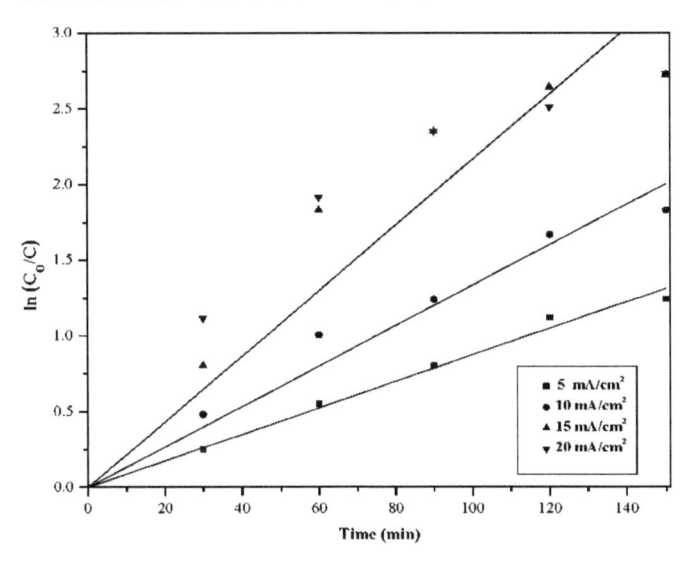

Abbildung 4.6.1 Abb. 4.6.1 Abbaumechanismus, angepasst mit einem kinetischen Modell erster Ordnung für den Batch-Modus. Kathodendrehzahl: 250 U/min; pH-Wert: 7,5;

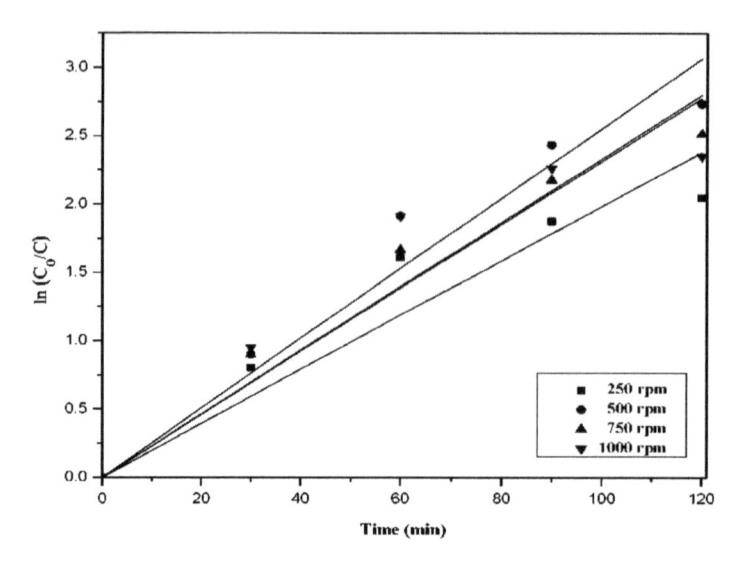

Abbildung 4.6.2 Abb. 4.6.2 Abbaumechanismus, angepasst mit einem kinetischen Modell erster Ordnung für den Batch-Modus. Stromdichte: 15mAcm^{-2} ; pH: 7,5;

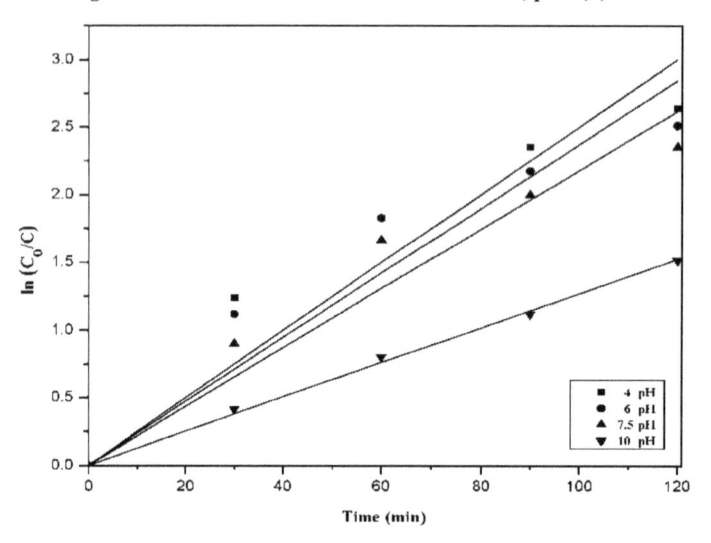

Abbildung 4.6.3 Abbaumechanismus, angepasst mit einem kinetischen Modell erster Ordnung für den Batch-Modus. Stromdichte: 15mA/cm^2 ; Drehgeschwindigkeit der Kathode: 500 U/min;

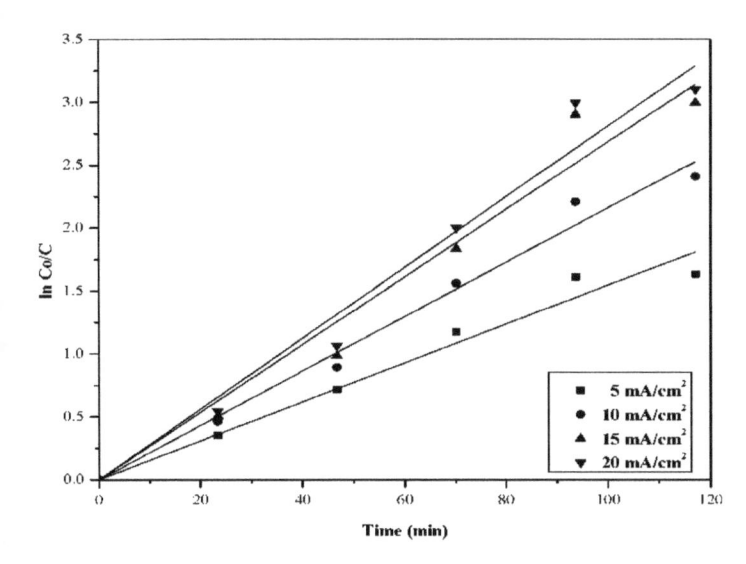

Abbildung 4.6.4 Abb. 4.6.4 Abbaumechanismus, angepasst mit einem kinetischen Modell erster Ordnung für den Batch-Rezirkulationsmodus. Kathodendrehzahl: 250 U/min; pH-Wert: 7,5; Durchflussrate: 60 l/h;

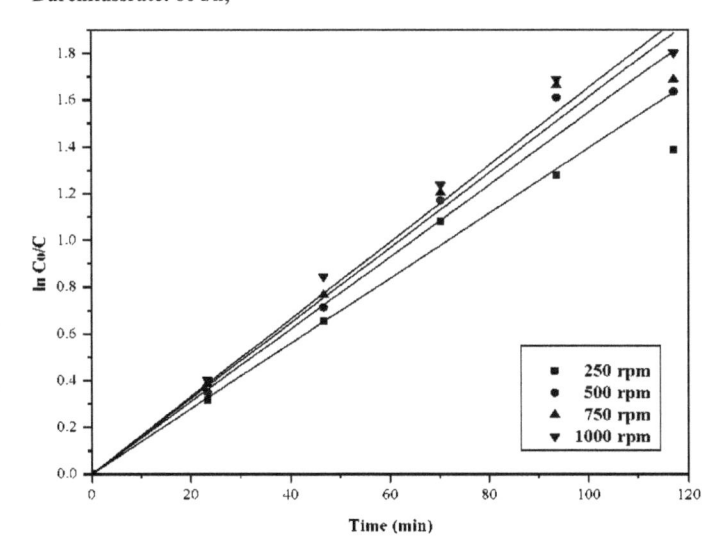

Abbildung 4.6.5 Abb. 4.6.5 Abbaumechanismus, angepasst mit einem kinetischen Modell erster Ordnung für den Batch-Rezirkulationsmodus. Stromdichte: 15mA/cm^2 ; pH: 7,5; Durchflussrate: 60 l/h;

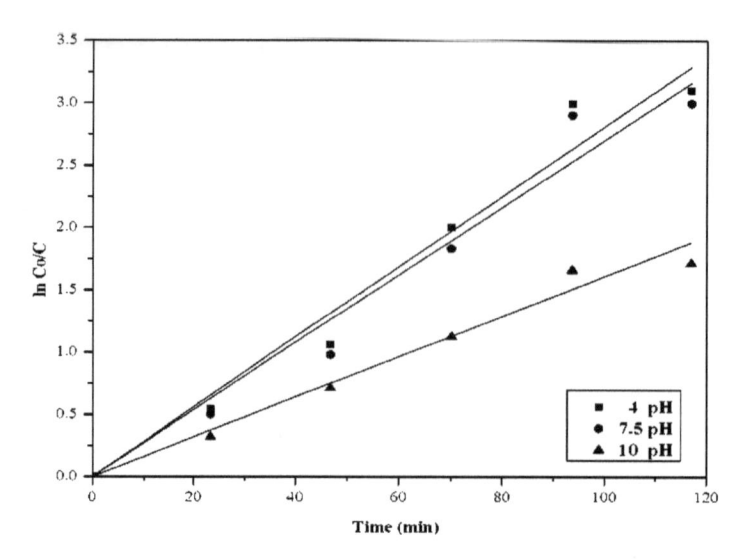

Abbildung 4.6.6 Abbauprozess, angepasstes kinetisches Modell erster Ordnung für den Batch-Rezirkulationsmodus. Stromdichte: 15mAcm^{-2} ; Kathodendrehzahl: 500 U/min; Durchflussrate: 60 l/h;

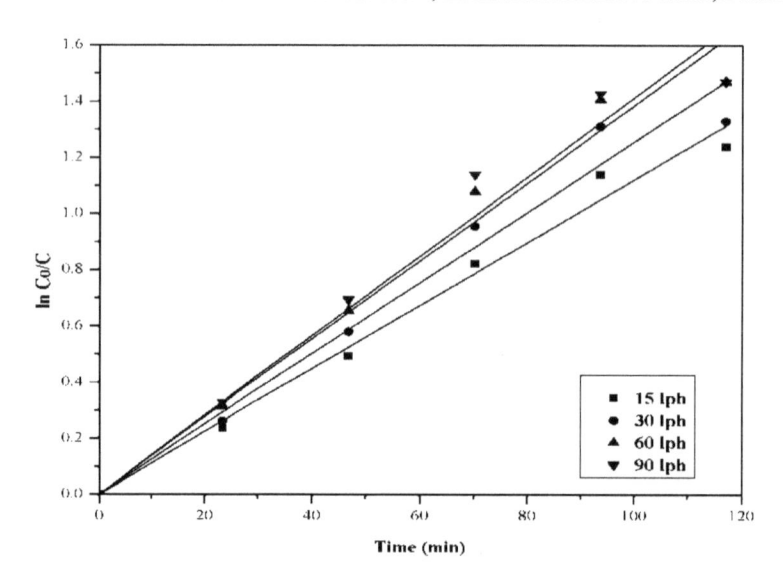

Abbildung 4.6.6: Abb. 4.6.6: Abbaumechanismus, angepasst mit einem kinetischen Modell erster Ordnung für den Batch-Rezirkulationsmodus. Stromdichte: 15mA/cm^2 ; Kathodendrehzahl: 500 U/min; pH: 7,5;

4.7 GC-MS-ANALYSE

Die im Rohabwasser und im behandelten Abwasser enthaltenen organischen Verbindungen wurden mittels GCMS-Analyse identifiziert und quantifiziert. Abbildung 4.7.1 zeigt das Chromatogramm des Rohabwassers.

Die positiven relativen Fragmente, die zu 90% oder mehr mit den in den WILEY- und NIST-Bibliotheken aufgeführten Verbindungen übereinstimmen, wurden identifiziert und quantifiziert. Die wichtigsten im Rohabwasser beobachteten Verbindungen und ihre jeweiligen Konzentrationen sind in Tabelle 4.7.1 aufgeführt

Tabelle 4.7.1 Wichtigste organische Verbindungen im Rohabwasser

Komponente	R. Zeit (min)	Bereich	Konzentration (ppb)
Aceton	4.610	3106149	249.57
Methylenchlorid	5.073	3221352	232.84
Acetonitril	5.331	6609885	34.87
Hexan	5.776	618999	59.09
Toluol	12.79	2819665	90.06

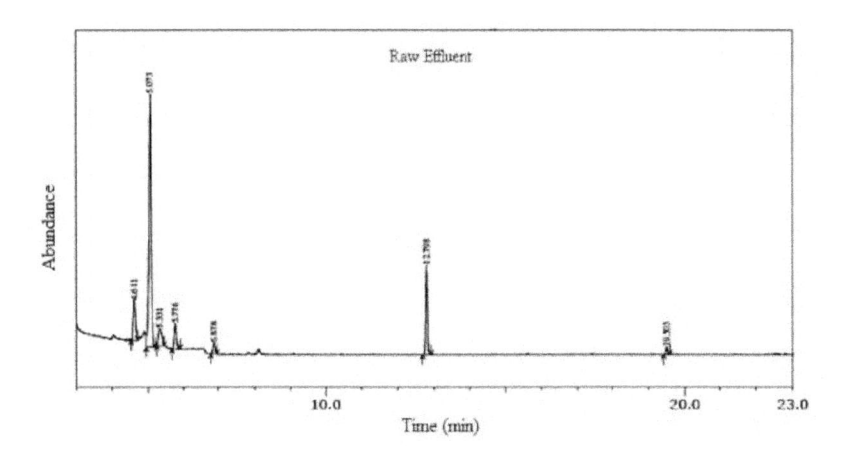

Abbildung 4.7.1 GC-MS-Spektren der organischen Schadstoffe im Rohabwasser

Abbildung 4.7.2 zeigt das Chromatogramm des behandelten Abwassers unter den optimierten Bedingungen (15 mA/cm^2, 500 U/min und 7,5 pH). Nach 2 Stunden Behandlung sind viele der im Rohabwasser beobachteten Peaks verschwunden. Der dem Hexan entsprechende Peak blieb jedoch erhalten. Nach der Elektrooxidation wurden also die meisten organischen Verbindungen zu CO_2 und H_2O mineralisiert, während der Peak für Hexan erhalten blieb. Es kann gesagt werden, dass Hexan während der Elektrooxidation stabil blieb und keine Veränderungen erfuhr.

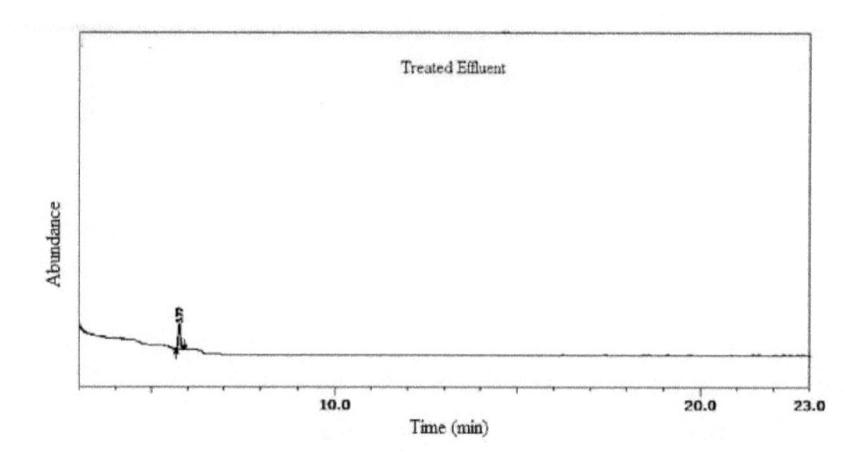

Abbildung 4.7.2 GC-MS-Spektren der organischen Schadstoffe im behandelten Abwasser

KAPITEL 5

SCHLUSSFOLGERUNG

Die elektrochemische Behandlung von Gerbereiabwässern wurde mit einem neuartigen elektrochemischen Drehscheibenreaktor im Batch-, Batch-Rezirkulations- und Once-Through-Verfahren unter Verwendung einer Ti/RuOx- TiOx-beschichteten Titananode durchgeführt. Die Auswirkungen wichtiger Betriebsparameter wie Stromdichte, Drehgeschwindigkeit der Kathode und anfänglicher pH-Wert auf die Effizienz der TOC-Entfernung und den Stromverbrauch wurden untersucht.

Die optimalen Bedingungen für den Batch-Betrieb wurden bei einer Stromdichte von 15 mA/cm^2, einer Kathodenrotationsgeschwindigkeit von 500 U/min und einem pH-Wert von 7,5 ermittelt, und bei einer Behandlungszeit von 2 Stunden wurde eine TOC-Entfernung von 91,2 % erzielt. Die optimalen Bedingungen für den Batch-Rezirkulationsmodus wurden bei einer Stromdichte von 15 mA/cm^2, einer Kathodenrotationsgeschwindigkeit von 500 U/min, einem pH-Wert von 7,5, einer Durchflussrate von: 60 l/h, und es wurde eine TOC-Entfernung von 95 % erreicht. Im Once-Through-Modus waren die optimalen Werte: Stromdichte: 20 mA/cm^2, Kathodendrehzahl: 500 U/min, pH-Wert: 7,5 und Durchflussrate: 2 l/h, und es wurde eine TOC-Entfernung von 58,2 % erreicht. Die Werte für den spezifischen Energieverbrauch betrugen 106,1, 2,65 und 205,6 KWh/g des entfernten TOC für den Batch-, den Batch-Rezirkulations- bzw. den Once-Through-Modus. Die kinetische Untersuchung des Abbaumechanismus wurde mit Hilfe der Kinetik erster Ordnung durchgeführt und erwies sich als geeignet. Die GC-MS-Analyse zeigte, dass die meisten der im Abwasser vorhandenen organischen Schadstoffe abgebaut wurden und der Prozess keine schädlichen Zwischenprodukte produzierte. Die Elektrooxidation kann daher als Drittbehandlungstechnik gegenüber dem derzeit verwendeten Adsorptionsverfahren bevorzugt eingesetzt werden.

REFERENZEN

1. Ahmed Basha, P. A. Soloman, M. Velan, N. Balasubramanian, L. Roohil Kareem, (2009) 'Participation of Electrochemical Steps in Treating Tannery Wastewater', *Ind. Eng. Chem. Res.*, 48, 9786-9796.

2. Bejan, D., Lozar, J., Falgayrac, G., Saval, A., (1999) 'Electrochemical assistance of catalytic oxidation in liquid phase using molecular oxygen: oxidation of toluenes', *Catal. Today* 48 (4), 363-369.

3. Burstein, G.T., Barnett, C.J., Kucernak, A.R., Williams, K.R., (1997) 'Aspect of the anodic oxidation of methanol', *Catal. Today* 38 (4), 425-437.

4. Chen, (2004) 'Electrochemical technologies in wastewater treatment', *Sep. Purif. Technol.* 38 11-41.

5. Comninellis, Ch., (1992) 'Electrochemical treatment of wastewater containing phenol', *IChemE* 70 (Part B), 219-224.

6. Do, J.S., Yeh, W.C., (1995) 'In situ degradation of formaldehyde with electrogenerated hypochlorite', *J. Appl. Electrochem.* 25 (5), 483-489.

7. Feng, J., Houk, L.L., Johnson, D.C., Lowery, S.N., Carey, J.J., (1995) 'Electrocatalysis of anodic oxygen transfer reactions: the electrochemical incineration of benzoquinone', *J. Electrochem. Soc.* 142 (11), 3626-3632.

8. Fleszar, B., Ploszynska, J., (1985) 'An attempt to define benzene and phenol electrochemical oxidation mechanism', *Electrochim. Acta* 30 (1), 31-42.

9. Kowal, A., Port, S.N., Nichols, R.J., (1997) Nickelhydroxid-Elektrokatalysatoren für Alkohol-Oxidationsreaktionen: eine Bewertung durch Infrarotspektroskopie und elektrochemische Methoden. *Catal. Today* 38 (4), 483-492.

10. Lin, S.H., Wu, C.L., (1996) 'Electrochemical removal of nitrite and ammonia for aquaculture', *Water Res.* 30, 715-721.

11. Marinerc, L., Lectz, F.B., (1978). Electro-oxidation of ammonia in wastewater'. *J. Appl. Electrochem.* 8, 335-345.

12. Meneses, E. S.; Arguelho, M. L. P. M.; Alves, J. P. H (2005) 'Electroreduction of the antifouling agent TCMTB and its electroanalytical determination in tannery wastewaters', *Talanta*, 67, 682.

13. Mingshu, L.; Kai, Y.; Qiang, H.; Dongying, J. (2005) "Biodegradation of Gallotannins and Ellagitannins". *J. Basic Microbiol.*, 46, 68.

14. Otsuka, K., Yamanaka, I., (1998) Elektrochemische Zellen als Reaktor für die selektive Oxygenierung von Kohlenwasserstoffen bei niedriger Temperatur. *Catal. Today* 41, 311-325.

15. Polcaro, A.M., Palmas, S., (1997) Elektrochemische Oxidation von Chlorphenolen. *Ind. Eng. Chem. Res.* 36, 1791-1798.

16. Ramasami, T., Rao, P.G., (1991) International Consultation Meeting on Technology and Environmental

Upgradation in Leather Sector, New Delhi, S. T1-1-T1-30.

17. Szpyrkowicz, L., Juzzolino, C., Kaul, S.N., Daniele, S., (2000). Elektrochemische Oxidation von Färbebädern mit Dispersionsfarbstoffen. *Ind. Eng. Chem. Res.* 39, 3241-3248.

18. Szpyrkowicz, L.; Kaul, S. N.; Neti, R. N.; Satyanarayan, S. (2005), 'Influence of Anode Material on Electrochemical Oxidation for the Treatment of Tannery Wastewater'. *Water Res.*, 39, 1601.

19. Szpyrkowicz, L., Zilio Grandi, F., Kaul, S.N., Rigoni-Stern, S., (1998). Elektrochemische Behandlung von Kupfercyanidabwässern unter Verwendung von Edelstahlelektroden". *Water Sci. Technol.* 38 (10), 261-268.

20. Tunay, O.; Kabdasli, I.; Orhon, D.; Ates, (1995). Charakterisierung und Verschmutzungsprofil der Ledergerbereiindustrie in der Türkei". *Water Sci. Technol.* 32, 1.

21. Vijayalakshmi, G. Bhaskar Raju, and A. Gnanamani, (2011) 'Advanced Oxidation and Electrooxidation as tertiary treatment techniques to improve the purity of tannery wastewater'. *IndEng Chem Res.* 50(17), 10194-10200.

22. Nassar, M. M.; Fadali, O. A.; Sedahmed, G. H. (1983) 'Decolorization of pulp mill bleaching effluents by electrochemical oxidation'. *Pulp Paper Can.* 84(12), 95-98.

23. Camporro, A.; Camporro, M. J.; Coca, J.; Sastre, H. (1994) "Regeneration eines Aktivkohlebettes, das durch industrielle Phenolabwässer erschöpft ist". *J Hazard Mater.* Band 37, Ausgabe 1, Seiten 207-214.

24. Josimar, R.; Adalgisa, R. (2006) 'Untersuchung der elektrischen Eigenschaften, des Ladevorgangs und der Passivierung von RuO_2-Ta_2O_5-Oxidschichten'. *J Electroanal Chem.* Band 592, Ausgabe2, 153-162.

25. De Faria, L.A; Boodts, J.F.C; Trasatti, S. (1997) "Elektrokatalytische Eigenschaften von Ru + Ti + Ce Mischoxidelektroden für die Cl2-Entwicklungsreaktion". *Electrochem. Acta.* 42, Ausgabe 23-24, 3525-3530.

26. Solomon P.A.; Ahmed Basha C.; Velan M.; Balasubramanian N.; Marimuthu P. (2009) 'Augmentation of biodegradability of pulp and paper industry wastewater by electrochemical pre-treatment and optimization by RSM'. *Sep. Purif. Technol.* 69(1), 109-117.

27. Otsuka, K.; Yamanaka, I.(1998) 'Electrochemical cells asreactor for selective oxygenation of hydrocarbons at lowtemperature'. *Catal Today.* 41, 311-325.

More Books!

I want morebooks!

Buy your books fast and straightforward online - at one of world's fastest growing online book stores! Environmentally sound due to Print-on-Demand technologies.

Buy your books online at
www.morebooks.shop

Kaufen Sie Ihre Bücher schnell und unkompliziert online – auf einer der am schnellsten wachsenden Buchhandelsplattformen weltweit! Dank Print-On-Demand umwelt- und ressourcenschonend produziert.

Bücher schneller online kaufen
www.morebooks.shop

info@omniscriptum.com
www.omniscriptum.com

OMNIScriptum